U0597101

编著

被实验
改变的世界

BEISHIYAN
GAIBIANDE
SHIJIE

北方妇女儿童出版社

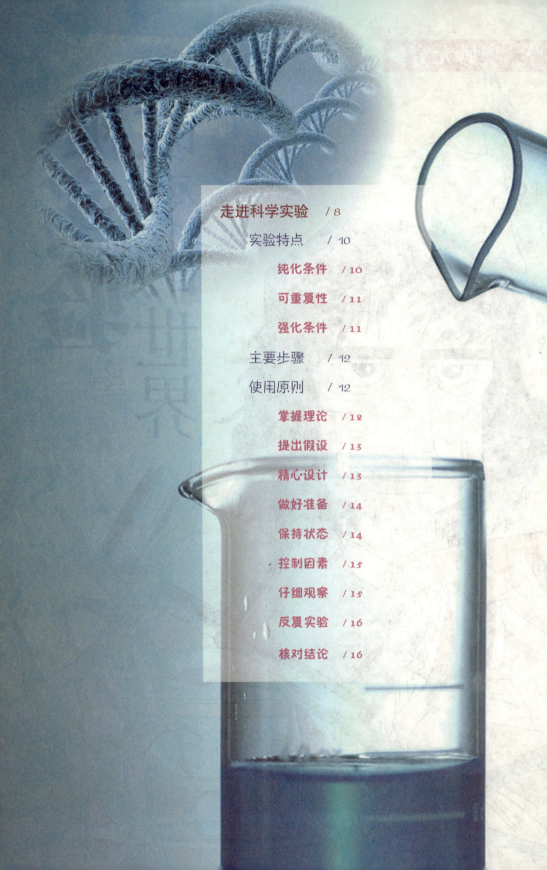

目录

目　录

居里夫人

尽管硫化氢气体恶臭难当，我们还是忍不住去实验室一探究竟；尽管蚯蚓又脏又臭，我们还是拿起了解剖刀……这就是科学的魅力，伽利略、哥白尼、居里夫人、爱因斯坦……无数为科学献身的人们忍受着清贫、挫折甚至是迫害，但他们"衣带渐宽终不悔，为伊消得人憔悴"。科学，像一座神奇的宫殿，吸引人们不断探索其中的奥秘。科学，像一个巨大的磁场，让我们不得不走近它。

硫化氢

BEI SHI YAN GAI BIAN DE SHI JIE

　　科学的魅力在于其博大。科学凭借人类对大千世界的好奇，引导人们揭开浩瀚宇宙中的种种秘密。人类在解决许多问题的同时发现了更多的问题，人类在了解宇宙的同时又有了更多的疑惑。于是，人们孜孜不倦地研究，再研究，实验，再实验……正是他们孜孜不倦的努力，他们一个又一个的实验，我们的世界才得以不断地进步，历史的车轮才能滚滚向前。

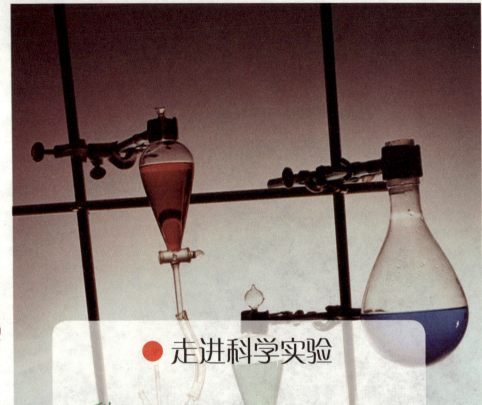

● 走进科学实验

科学实验是观察的一种形式。由于科学实验在经验自然科学研究中具有特殊重要的地位，因此，需要对科学实验单独加以论述。当人们不满足在自然条件下去观察对象，要求对被研究对象进行积极的干预时，这就导致科学实验的产生。

在古代社会，科学实验就已在人们探索自然界奥秘的过程中逐步酝酿产生。但是那时的实验还只是以原始朴素形式出现，它还没有成为一种独立的社会实践活动形式。严格意义上的科学实验是从近代开始的。实验方法的运用成为近代自然科学的主要特点。这种情况之所以在近代出现，根本原因在于工业生产在这时得到了长足的发展。恩格斯说："从十字军远

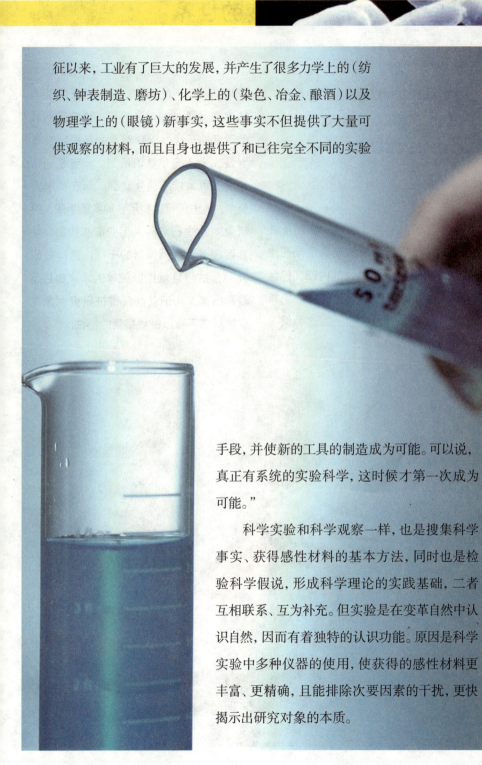

征以来，工业有了巨大的发展，并产生了很多力学上的（纺织、钟表制造、磨坊）、化学上的（染色、冶金、酿酒）以及物理学上的（眼镜）新事实，这些事实不但提供了大量可供观察的材料，而且自身也提供了和已往完全不同的实验

手段，并使新的工具的制造成为可能。可以说，真正有系统的实验科学，这时候才第一次成为可能。"

科学实验和科学观察一样，也是搜集科学事实、获得感性材料的基本方法，同时也是检验科学假说、形成科学理论的实践基础，二者互相联系、互为补充。但实验是在变革自然中认识自然，因而有着独特的认识功能。原因是科学实验中多种仪器的使用，使获得的感性材料更丰富、更精确，且能排除次要因素的干扰，更快揭示出研究对象的本质。

实验特点 ＞

科学实验之所以受到人们的重视，之所以能比自然观察优越，这是和科学实验本身的特点密切相关的。

• 纯化条件

科学实验具有纯化观察对象的条件的作用。自然界的对象和现象是处在错综复杂的普遍联系中的，其内部又包含着各种各样的因素。因此，任何一个具体的对象都是多样性的统一。这种情况带来了认识上的困难，因为对象的某些特性或者是被掩盖了起来，或者受到其他因素的干扰，以致对象的某些特性或者是人们不容易认识清楚，或者是通常情况下根本就不能察觉到。而在科学实验中，人们则可以利用各种实验手段，对研究对象进行各种人工变革和控制，使其摆脱各种偶然因素的干扰，这样被研究对象的特性就能以纯粹的本来面目而暴露出来。人们就能获得被研究对象在自然状态下难以被观察到的特性。

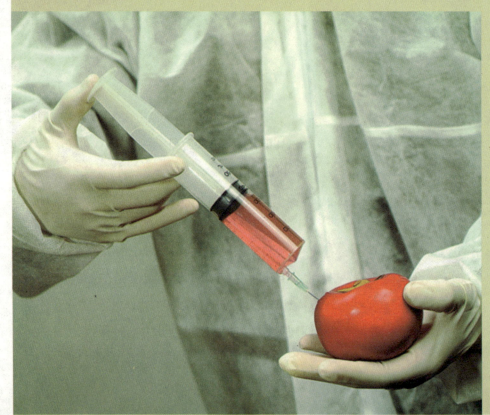

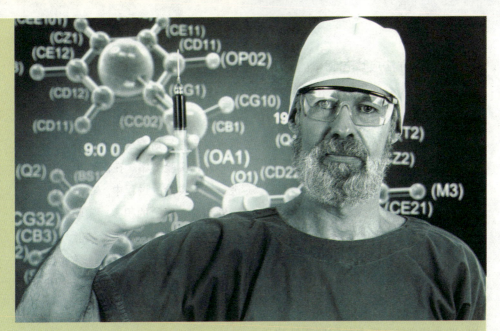

• 可重复性

科学实验具有可重复的性质。在自然条件下发生的现象，往往是一去不复返的，因此无法对其反复地观察。在科学实验中，人们可以通过一定实验手段使被观察对象重复出现，这样既有利于人们长期进行观察研究，又有利于人们进行反复比较观察，对以往的实验结果加以核对。

正是由于科学实验具有这些特点，因此科学实验越来越广泛地被应用，并且在现代科学中占有越来越重要的地位。在现代科学中，人们需要解决的研究课题日益复杂，日益多样，使得科学实验的形式也不断丰富和多样。

• 强化条件

科学实验具有强化观察对象的条件的作用。在科学实验中，人们可以利用各种实验手段，创造出在地球表面的自然状态下无法出现的或几乎无法出现的特殊条件，如超高温、超高压、超低温、超真空等等。在这种强化了的特殊条件下，人们遇到了许多未知的在自然状态中不能或不易遇到的新现象，使人们发现了许多具有重大意义的新事实。

例如，人们能通过一定实验手段，造成接近绝对零度的超低温，从而使我们能把几乎所有的气体液化。在这种超低温下，人们也能发现某些材料具有特殊优良的导电性能，即具有无电阻、抗磁等超导态特性。

主要步骤 〉

科学的方法应该包括6个重要步骤：1.观察：观察即对事实和事件的详细记录；2.定义：对问题进行定义是有确切程序可操作的；3.假设：提出假设是对一种事物或一种关系的暂时性解释；4.检验：收集证据和检验假设，一方面要能提供假设所需的客观条件，一方面要找到方法来测量相关参数；5.发表：发表研究结果：科学信息必须公开，真正的科学关注的是解决问题；6.建构：即建构理论。孤立的问题无法建立理论，科学的理论是可以被证伪的。

使用原则 〉

• 掌握理论

应熟练掌握与实验课题有关的理论和经验。实验方法是在人为的控制下对研究对象进行研究的一个过程，所以要精心设计实验方案。在设计实验方案和进行具体实验的过程中，离不开理论的指导和前人经验的积累。实验者只有具备必要的理论知识和实验技能，才能对实验中出现的新事物有敏锐的观察力，当事物表现超出原来的理论框架时，能够及时加以捕捉，并发现其本质。

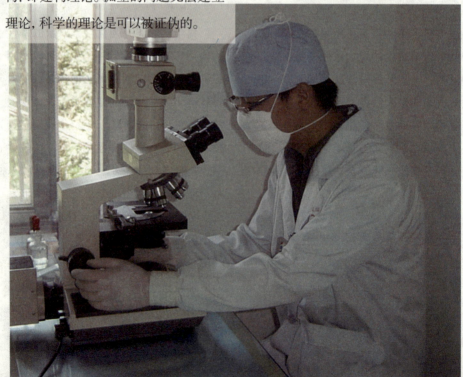

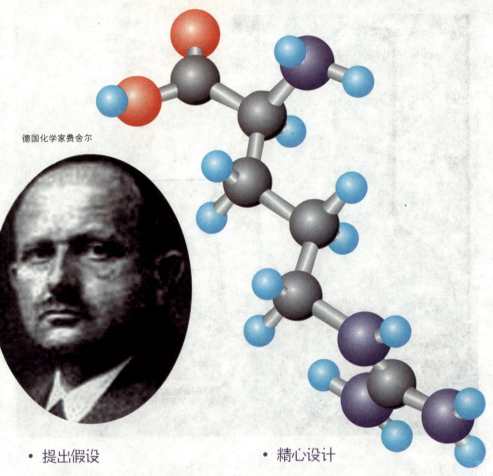

德国化学家费舍尔

· 提出假设

应事先提出假说或需要检验的观点、理论等。实验在科学研究中主要有两种目的：一是探索和发现新现象或新规律；二是检验已有知识或理论的正确性。1902 年到 1907 年，德国化学家费舍尔对蛋白质的化学结论进行深入研究，提出了蛋白质的肽键理论，然后在实验中合成了 18 个氨基酸的多肽长链，从而验证了其反映蛋白质结构理论的正确性。

· 精心设计

应精心设计，严密组织。俗话说，"知己知彼才能百战不殆"。对所要做的实验，必须精心设计，严密组织，做到心中有数，这样才能使成功率更大。根据一定的理论，结合具体的研究对象，可以采取不同的研究方式。如泰勒通过精心设计和严密组织，利用搬运铁块实验、铁砂和煤炭的挖掘实验、金属切削实验等，提出了科学管理的方法。

• 做好准备

应选择好实验环境，准备好实验工具。实验环境对于实验的成功与否有很大关系，如在对天体进行观察时，要选择天气很好的时候，才能取得理想的效果。俗话说"磨刀不误砍柴工"，实验工具是实验取得成效很关键的一个方面。它的状况决定着实验能达到的认识水平。如没有高分辨率的光谱仪器，就无法认识原子光谱的精细结构。丁肇中正是由于不断把实验的精度提高，最终发现了丁粒子。

• 保持状态

应保持受实验者的常规状态。不论研究对象是自然界中的事物，还是人类自己，为了保持实验结果的客观性，要尽量保持受验者的常规状态。只有在常态下，事物或人所表现出来的才是其真实的情况。在保持正常状态下，通过改善工作条件和环境等因素，美国管理学家梅奥通过照明实验、福利实验、电话线圈装配实验、访谈实验等提出了以人为本的管理思想。

• 控制因素

应能有效地控制影响实验的各种因素。在实验过程中，要根据研究目的来尽量控制实验中的各种因素。要突出主要因素，排除次要因素、偶然因素以及外界的干扰，从而能更准确地认识事物的本质规律。伽利略的落体实验、斜面实验和单摆实验都是在突出主要因素、排除次要因素的条件下获得成功的。

法国的约里奥·居里

伽利略

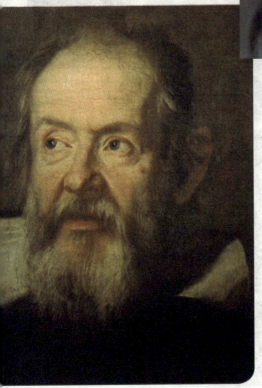

• 仔细观察

应仔细观察，尽可能得到精确的数据。在科技史上，当某些重大发现公布之后，经常使一些科学家后悔莫及，因为他们也曾见到过类似现象，但由于未加注意而失去了发现的大好良机。法国的约里奥·居里在用粒子轰击铍时打出了中子，但他没有留心而误认为是 γ 粒子，让它溜走了。后来，英国实验物理学家查德威克证明了不是 γ 射线而是中子，获得了诺贝尔物理学奖。可见，在科学实验过程中只有仔细观察，才能得到理想的结果。

15

• 反复实验

应从小到大、反复多次进行实验。一般说来，在做深入的大规模的实验前，先要做一些探索性的实验，先简单后复杂，这样可以为以后的实验工作积累相关的信息和思路。实验要注意其可重复性。只有多次重复，才能表明其成果是可以让大家认可的。1959 年美国物理学家韦伯曾宣布，他的实验装置已直接收到了从银河系一天体发出的引力辐射，直接验证了爱因斯坦关于引力波的预言。但是，它的实验在世界上十几个实验室都未能重复，因而也就没有被科学界承认。

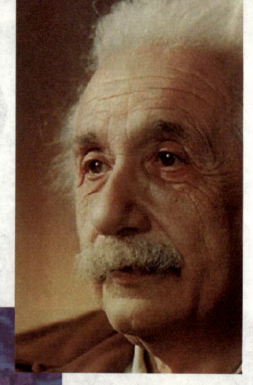

• 核对结论

应仔细核对实验后所得出的结论。实验结束后，要对实验中获得的数据作进一步的加工、整理，从中提取出科学事实或某种规律性的理论。在分析过程中，要利用统计分析的方法，借助于计算机等手段来从数据之间的因果关系、起源关系、功能关系、结构关系等多角度、多层次地进行处理。

16

权威形象研究

20 世纪 60 年代，美国社会心理学家斯坦利·米尔格兰姆的服从实验被认为是最著名且最有争议性的实验之一。米尔格兰姆想知道，在科学权威的指示下，普通人可能对其他人造成多大程度的伤害。

以下是他的实验内容：1. 米尔格兰姆招募了一些志愿者——普通居民——去实施电击，同时雇用了一些演员电击对象。最后的实验组成部分就是权威人物。在实验过程中，会有一名科学家始终留在房间里。2. 在每次实验中，科学家会向不知情的志愿者演示如何使用模拟电击设备。这台仪器可以让志愿者释放高达 450 伏的电流。这种程度的电击危险性很大。3. 接下来，科学家会告诉志愿者，他们实验的目的是想知道电击对于词汇记忆过程的帮助。他要求志愿者在学生（演员）回答错误时，对其进行电击，并且随着实验的进行提高电压。4. 当受到电击时，演员便开始惨叫。在电压提高到大约 150 伏时，他们会要求停止实验。而科学家会鼓励志愿者继续实施电击，不管演员表现得多么激动。5. 有些志愿者在电压上升到 150 伏时便退出了实验，但是大多数人一直将实验进行到 450 伏的峰值。

许多人质疑这个实验是否道德，但是实验结果非常惊人。米尔格兰姆证明了普通人会在收到权威指示后，对无辜者施加相当大的伤害。

探寻生命的奥秘

达尔文的兰花实验 〉

达尔文是英国博物学家，进化论的奠基人。1831–1836年，他以博物学家的身份参加了英国派遣的环球航行，做了5年的科学考察。在动植物和地质方面进行了大量的观察和采集，经过综合探讨，形成了生物进化的概念。1859年出版了震动当时学术界的《物种起源》。书中用大量资料证明了形形色色的生物都不是上帝创造的，而是在遗传、变异、生存斗争和自然选择中，由简单到复杂，由低等到高等，不断发展变化的，提出了生物进化论

学说，从而摧毁了各种唯心的神造论和物种不变论。恩格斯将"进化论"列为19世纪自然科学的三大发现之一（其他两个是细胞学说、能量守恒和转化定律）。

他所提出的天择与性择，在目前的生命科学中是一致通用的理论。除了生物学之外，他的理论对人类学、心理学以及哲学来说也相当重要。

1831–1836年，达尔文乘坐小猎犬号完成了环球航行。他在加拉帕戈斯群岛上进行了一些最重要的科学考察。那里有20个左右的岛屿，每座岛上都生长着独特的兰花亚种，完全适应了所在岛屿的特殊环境。很少有人知道达尔文回到英国后所做的试验，其中有些就与兰花有关。

巴斯德曲颈瓶实验 〉

千百年来，普遍流行着一种所谓"自然发生说"。该学说认为，不洁的衣物会自生蚤虱，污秽的死水会自生蚊蚋，肮脏的垃圾会自生虫蚁，粪便和腐败的尸体会自生蝇蛆。总之生物可以从它们存在的物质元素中自然发生，而没有上代，古希腊学者亚里士多德、中世纪神学家阿奎那，甚至连17世纪的大科学家哈维和牛顿都相信这种学说。

意大利医生雷地于1668年进行的实验，他做过一个对比实验：把肉块分置于几个不同容器中，有的盖上细布，而有的敞开让苍蝇可以自由进出。结果不盖布的容器里，肉腐烂并长出蛆来，而盖着布的容器里肉虽腐烂但不生蛆。就此，雷地得出结论，烂肉里的蛆是由苍蝇在其上产卵生长出来的，没有蝇卵，烂肉就不会生长出蛆来。经过其他一些科学家的反

复验证，曾一度动摇了人们对自然发生论的信念。可是当后来发现了微生物时，很多科学家又相信至少像微生物这样"最小的"生物体总该是自生的。加罩容器中的腐肉不是长满了细菌吗！于是，微生物可能自然发生的信念又盛行起来。

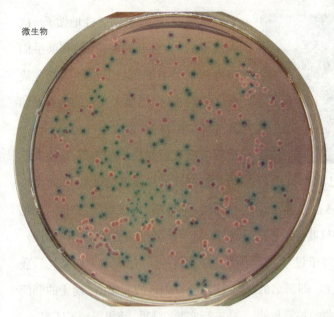

微生物

怎在地球的每一个角落里，在每一世纪的每一年里，不知道从什么地方出现，把葡萄汁酿成酒？这些从天南地北，处处把每个罐里的牛奶变酸，每瓶里的牛油变坏的小动物，来自什么地方？"

这一实验并不能彻底驳倒自生论者。他们坐在巴斯德的书房里吵吵闹闹："你在煮沸酵母汤时，把瓶里的空气加热了。酵母汤产生小动物所需要的自然的空气。你不能把酵母汤和天然的未经加热的空气放在一起而不产生酵母、霉菌、杆菌或小动物！"

为了回答这些挑战，法国微生物学家巴斯德重做了斯帕兰扎尼的实验。他在圆瓶里灌进一些酵母汤，把瓶颈焊封，煮沸几分钟后搁置适当时间。结果表明，瓶里并没有微生物生长。

巴斯德根据自己的研究实践，不相信微生物可以自然发生，认为微生物肯定必有母体。他到处宣传这一理论。但这激怒了自生论者，他们问巴斯德："酵母

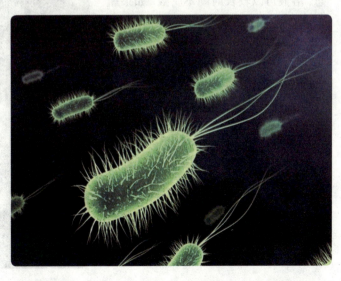

面对对方的指责，巴斯德冥思苦想，决心设计一种只让天然空气进入而不许其中的微生物进入的仪器。在老教授巴拉的指导下，巴斯德终于设计、制作出了符合这一要求的仪器，即著名的曲颈瓶。曲颈瓶有一个弯曲的长管与外界空气相通。瓶内的溶液加热至沸点，冷却后，空气可以重新进入，但因为有向下弯曲的长管，空气中的尘埃和微生物不能与溶液接触，使溶液保持无菌状态，溶液可以较长时间不腐败。如果瓶颈破裂，溶液就会很快腐败变质，并有大量的微生物出现。实验得到了令人信服的结论：腐败物质中的微生物是来自空气中的微生物。实验取得了完全的成功。他喜不自胜。在一个有学者、才子、艺术家争相参加的巴黎盛会上，巴斯德讲述了他的曲颈瓶实验，高声宣布："自然发生学说经过这简单实验的致命一击之后，绝不能再爬起来了"。

接着，巴斯德又创造性地做了一次大规模的、半公开的实验。他和助手们将煮过的装有细菌培养液的烧瓶分放在多尘的市区、巴黎天文台的地窖里和其他环境中打开。发现空气越是不洁，培养液变质就越快、越严重。这说明使培养液变质的细菌不是自生的，而是来自空气。他推测，海拔越高，空气一定越洁净，培养液受细菌的污染也越轻微。为了验证这一点，他和助手们又先后登上法国汝拉山区的浦佩山、瑞士的勃朗峰进行实验。结果，猜想得到了证实。

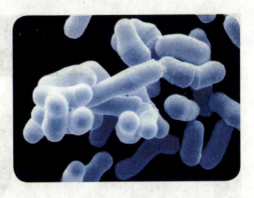

巴斯德向科学界报告了自己的实验结果。许多听众无不为他们的冒险献身所感动，为他们的证据所折服。可是坚持自然发生说的反对派仍继续谴责巴斯德，称他是"马戏团的演员、骗子和小丑"。攻击得特别凶的是博物学家布歇等人。他们还采用以巴斯德之矛攻巴斯德之盾的办法，在一些瓶子里灌进干草浸液而不是酵母汤，并造成真空，赶往比利牛斯山脉的高山玛拉得塔，登上了比勃朗峰还要高出几英尺的山巅，打开瓶口。由于他们采用的是干草浸液，加之没有加热，结果在瓶中发现了微生物。借此，布歇攻击巴斯德是"以自己的瓶子作为对科学的最后通牒而惊世骇人"，要求在科学院作公开实验，并且说，如果他们的瓶子有一个打开之后而不立刻生长微生物的话，他们愿意承认错误。

公开实验那天，巴斯德应战准时在科学院委员会做了实验。可是布歇等人却吓得没敢到场。于是委员会作出了赞同巴斯德意见的决定。

巴斯德实验成功之妙在于 S 形的瓶颈，外部的空气无法回流进去。这样，巴斯德实验证明空气不存在"生命力"，"生物来源于生物"—— 这是生源论的著名论点。

为了击败自然发生论，人类斗争了近200年，从自然发生说到确定生源论，是来之不易的，这是科学实验的一次重大胜利。

> **来自植物的奇思妙想**

　　早在远古时代，植物就作为最古老的生命形式在地球上出现，并且自有人类以来，植物就与人类有着千丝万缕的联系。植物虽然默默无语，但它们身上蕴藏着无穷的奥妙，我们身边的很多发明都来源于植物。

　　1.鲁班从野草发明木锯：鲁班是我国古代一位出色的发明家，2000多年以来，他的名字和有关他的故事，一直在广大人民群众中流传。相传有一年，鲁班为建筑一座宫殿亲自上山察看砍伐树木的情况。上山的时候，他无意中被山上一种野草划破手指。鲁班很奇怪，摘下一片叶子来细心观察，发现叶子两边长着许多小细齿，用手轻轻一摸，这些小细齿非常锋利，后来他由此便发明了很锋利的木锯。

　　2.瑞士工程师从商陆草发明尼龙搭扣：1894年，瑞士工程师乔治·梅斯特拉去远郊打猎，因为衣服上粘满了一种难以摘除的种子而感到烦恼。回到家里，他拿起放大镜，想看清这些种子是如何粘在衣裳上的。结果发现这些草籽顶端长满了小钩钩，是它们紧紧地钩住了衣服的纤维丝。工程师把它们粘到自己家圈养的狗身上，然后从弯曲的狗毛上拉下来，就只听噼啪的一声响，可是拿放大镜看，小钩钩并没有断，只要拿丝织物去接近它，当即又会被它牢牢地钩住。工程师于是把商陆草种子反复地粘在狗毛上，然后又拉下来，又钩上去，又拉下来，钩上去……他觉得

很风趣，并且突然冒出一个主意：若是做两块布，布上面均织满这种钩子，不就可以相互粘接到一起了吗？所以，他仔细研究起草籽钩的布局形状及其在现实中的应用。经过一段时间的仿生试验，工程师乔治·梅斯特拉总算在70多次失利的实验基础上，创造出了被称为魔钩的尼龙搭扣。后来，工程师乔治·梅斯特拉把尼龙搭扣成功申报了发明专利，有人称这个发明为19世纪最伟大的创造之一。它一经面世，即受到服饰业、包装业制造商的极大关注。

3. 日本仿照竹子建造抗地震高楼：日本是个多地震的国家，建筑师仿照竹子设计出了43层的高楼，即使遇到强烈地震，楼顶摆动幅度达70cm，它也只是"弹跳"几下而不会受到破坏。它的墙体模仿了热带森林中的大树，上窄下宽，非常坚固。

4. 英国建筑师从王莲叶片造出水晶宫：南美洲亚马逊河流域生长的王莲，叶子直径达2m-3m，这种叶子的背面有粗大的叶脉和相互交错的小叶脉，支撑力很强。英国著名建筑师帕克斯顿根据王莲叶片结构，为1851年在伦敦举办的万国工业博览会设计建造了一座顶棚跨度95m的展览大厅。这座大厅结构既轻巧，又经济耐用，被伦敦市民称为水晶宫，对现代建筑业产生了巨大的影响，被誉为现代建筑的"第一朵报春花"。王莲叶子和扇形叶子叶脉的结构原理还广泛应用于城市建筑和水上建筑。展览会大厅屋顶上，利用王莲的叶脉骨架，还采用有皱褶形叶子的特点，弯曲的纵肋和波浪形的横膈，并安装许多天窗使建筑物更加坚固，光线更充足。这种根据叶脉原理设计的建筑，还有工厂的平顶覆盖和叶式浮桥。

DNA的螺旋历史 >

现代遗传学之父自从奥地利孟德尔的遗传定律被重新发现以后，又提出了一个问题：遗传因子是不是一种物质实体？为了解决基因是什么的问题，人们开始了对核酸和蛋白质的研究。

的人体细胞的"遗体"。于是他细心地把绷带上的脓血收集起来，并用胃蛋白酶进行分解，结果发现细胞遗体的大部分被分解了，但对细胞核不起作用。他进一步对细胞核内物质进行分析，发现细胞核中含有一种富含磷和氮的物质。霍佩·赛

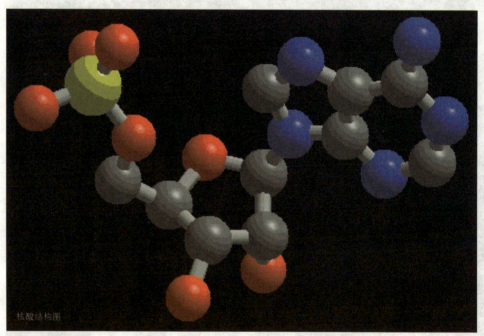

核酸结构图

• 核酸和蛋白质的研究

早在 1868 年，人们就已经发现了核酸。在德国化学家霍佩·赛勒的实验室里，有一个瑞士籍的研究生名叫米歇尔（1844–1895），他对实验室附近的一家医院扔出的带脓血的绷带很感兴趣，因为他知道脓血是那些为了保卫人体健康，与病菌"作战"而战死的白细胞和被杀死

zuc蛋白质

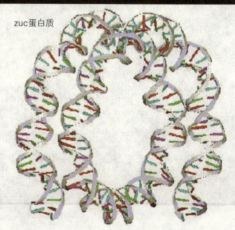

细胞核内物质

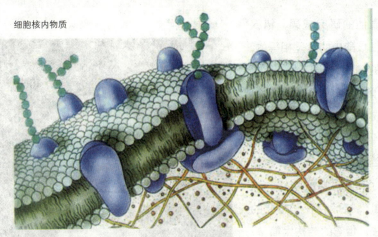

20世纪初，德国科赛尔（1853－1927）和他的两个学生琼斯（1865－1935）和列文（1869－1940）的研究，弄清了核酸的基本化学结构，认为

勒用酵母做实验，证明米歇尔对细胞核内物质的发现是正确的。于是他便给这种从细胞核中分离出来的物质取名为"核素"，后来人们发现它呈酸性，因此改叫"核酸"。从此人们对核酸进行了一系列卓有成效的研究。

它是由许多核苷酸组成的大分子。核苷酸是由碱基、核糖和磷酸构成的。其中碱基有4种（腺嘌呤、鸟嘌呤、胸腺嘧啶和胞嘧啶），核糖有两种（核糖、脱氧核糖），因此把核酸分为核糖核酸（RNA）和脱氧核糖核酸（DNA）。

核糖核酸(RNA)

脱氧核糖核酸(DNA)

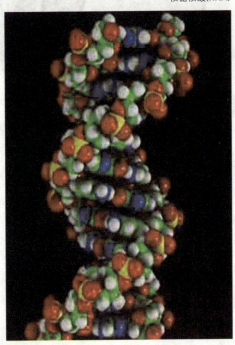

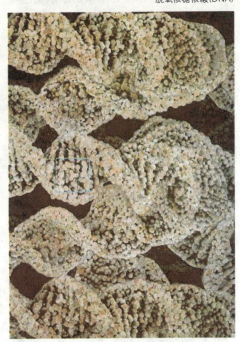

27

列文急于发表他的研究成果，错误地认为 4 种碱基在核酸中的量是相等的，从而推导出核酸的基本结构是由 4 个含不同碱基的核苷酸连接成的四核苷酸，以此为基础聚合成核酸，提出了"四核苷酸假说"。这个错误的假说对认识复杂的核酸结构起了相当大的阻碍作用，也在一定程度上影响了人们对核酸功能的认识。人们认为，虽然核酸存在于重要的结构——细胞核中，但它的结构太简单，很难设想它能在遗传过程中起什么作用。

蛋白质的发现比核酸早 30 年，发展迅速。进入 20 世纪时，组成蛋白质的 20 种氨基酸中已有 12 种被发现，到 1940 年则全部被发现。

1902 年，德国化学家费歇尔提出氨基酸之间以肽链相连接而形成蛋白质的理论，1917 年他合成了由 15 个甘氨酸和 3 个亮氨酸组成的 18 个肽的长链。于是，

核酸结构

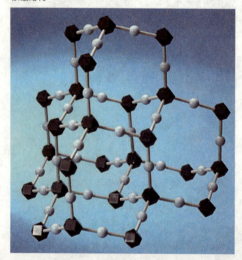

德国化学家费歇尔

有的科学家设想，很可能是蛋白质在遗传中起主要作用。如果核酸参与遗传作用，也必然是与蛋白质连在一起的核蛋白在起作用。因此，那时生物界普遍倾向于认为蛋白质是遗传信息的载体。

1928 年，美国科学家格里菲斯（1877–1941）用一种有荚膜、毒性强的和一种无荚膜、毒性弱的肺炎双球菌对老鼠做实验。他把有荚病菌用高温杀死后与无荚的活病菌一起注入老鼠体内，结果他发现老鼠很快发病死亡，同时他

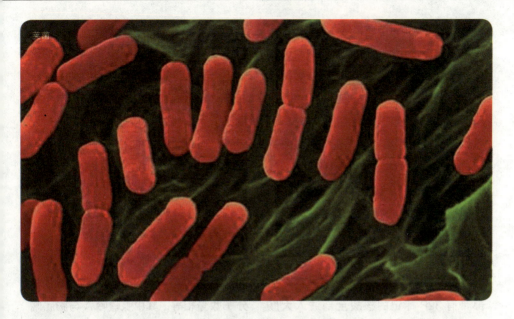

从老鼠的血液中分离出了活的有荚病菌。这说明无荚菌竟从死的有荚菌中获得了什么物质，使无荚菌转化为有荚菌。这种假设是否正确呢？格里菲斯又在试管中做实验，发现把死了的有荚菌与活的无荚菌同时放在试管中培养，无荚菌全部变成了有荚菌，并发现使无荚菌长出蛋白质荚的就是已死的有荚菌壳中遗留的核酸（因为在加热中，荚中的核酸并没有被破坏）。格里菲斯称该核酸为"转化因子"。

1944 年，美国细菌学家艾弗里（1877–1955）从有荚菌中分离得到活性的"转化因子"，并对这种物质做了检验蛋白质是否存在的试验，结果为阴性，并证明"转化因子"是 DNA。但这个发现没有得到广泛的承认，人们怀疑当时

的技术不能除净蛋白质，残留的蛋白质起到转化的作用。

美籍德国科学家德尔布吕克（1906–1981)的噬菌体小组对艾弗里的发现坚信不移。因为他们在电子显微镜下观察到了噬菌体的形态和进入大肠杆菌的生长过程。噬菌体是以细菌细胞为寄主的一种病毒，个体微小，只有用电子显微镜才能看到它。它像一个小蝌蚪，外部是由蛋白质组成的头膜和尾鞘，头的内部含有 DNA，尾鞘上有尾丝、基片和小钩。当噬菌体侵染大肠杆菌时，先把尾部末端扎在细菌的细胞膜上，然后将它体内的 DNA 全部注入到细菌细胞中去，蛋白质空壳仍留在细菌细胞外面，再没有起什么作用了。进入细菌细胞后的噬菌体DNA，就利用细菌内的物质迅速合成噬

29

菌体的 DNA 和蛋白质，从而复制出许多与原噬菌体大小形状一模一样的新噬菌体，直到细菌被彻底解体，这些噬菌体才离开死了的细菌，再去侵染其他细菌。

1952 年，噬菌体小组主要成员赫尔希和他的学生蔡斯用先进的同位素标记技术，做噬菌体侵染大肠杆菌的实验。他把大肠杆菌 T2 噬菌体的核酸标记上 32P，蛋白质外壳标记上 35S。先用标记了的 T2 噬菌体感染大肠杆菌，然后加以分离，结果噬菌体将带 35S 标记的空壳留在大肠杆菌外面，只有噬菌体内部带有 32P 标记的核酸全部注入大肠杆菌，并在大肠杆菌内成功地进行噬菌体的繁殖。这个实验证明 DNA 有传递遗传信息的功能，而蛋白质则是由 DNA 的指令合成的。这一结果立即为学术界所接受。

几乎与此同时，奥地利生物化学家查加夫对核酸中的 4 种碱基的含量的重新测定取得了成果。在艾弗里工作的影响下，他认为如果不同的生物种是由于 DNA 的不同，则 DNA 的结构必定十分复杂，否则难以适应生物界的多样性。因此，他对列文的"四核苷酸假说"产生了怀疑。在 1948–1952 年 4 年的时间里，他利用了比列文所处的时代更精确的纸层析法分离 4 种碱基，用紫外线吸收光谱做定量分析，经过多次反复实验，终于得出了不同于列文的结果。实验结果表明，在 DNA 大分子中嘌呤和嘧啶的总分子数量相等，其中腺嘌呤 A 与胸腺嘧啶 T 数量相等，鸟嘌呤 G 与胞嘧啶 C 数量相等。说明 DNA 分子中的碱基 A 与 T、G 与 C 是配对存在的，从而否定了"四核苷酸假说"，并为探索 DNA 分子结构提供了重要的线索和依据。

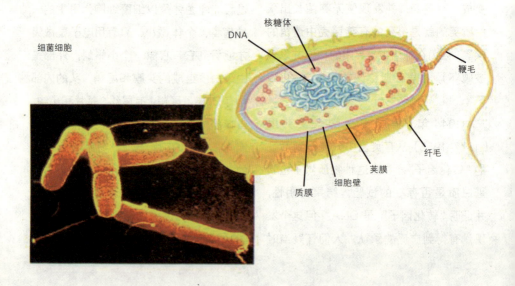

细菌细胞

DNA　核糖体　鞭毛　纤毛　荚膜　细胞壁　质膜

• DNA双螺旋结构的分子模型

1953 年 4 月 25 日，英国的《自然》杂志刊登了美国的沃森和英国的克里克在英国剑桥大学合作的研究成果：DNA双螺旋结构的分子模型，这一成果后来被誉为 20 世纪以来生物学方面最伟大的发现，标志着分子生物学的诞生。

沃森在中学时代是一个极其聪明的孩子，15 岁时便进入芝加哥大学学习。当时，由于一个允许较早入学的实验性教育计划，使沃森有机会从各个方面完整地攻读生物科学课程。在大学期间，沃森在遗传学方面虽然很少有正规的训练，但自从阅读了薛定谔的《生命是什么？——活细胞的物理面貌》一书，促使他去"发现基因的秘密"。他善于集思广益，博取众长，善于用他人的思想来充实自己。只要有便利的条件，

DNA双螺旋结构的分子模型

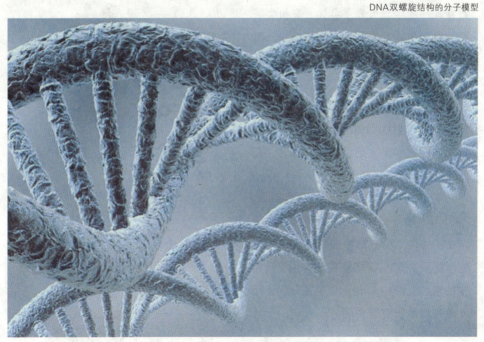

31

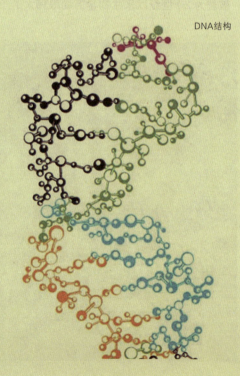

在此与沃森相遇了。克里克比沃森大 12 岁，当时还没有取得博士学位，但他们谈得很投机，沃森感到在这里居然能找到一位懂得 DNA 比蛋白质更重要的人，真是三生有幸。同时沃森感到在他所接触的人当中，克里克是最聪明的一个。他们每天交谈至少几个小时，讨论学术问题。两个人互相补充，互相批评以及相互激发出对方的灵感。他们认为解决 DNA 分子结构是打开遗传之谜的关键。只有借助于精确的 X 射线衍射资料，才能更快地弄

DNA结构

不必强迫自己学习整个新领域，也能得到所需要的知识。沃森 22 岁取得博士学位，然后被送往欧洲攻读博士后研究员。为了完全搞清楚一个病毒基因的化学结构，他到丹麦哥本哈根实验室学习化学。有他与导师一起到意大利那不勒斯参加一次生物大分子会议，有机会听英国物理生物学家威尔金斯的演讲，看到了威尔金斯的 DNA X 射线衍射照片。从此，寻找解开 DNA 结构的钥匙的念头在沃森的头脑中索绕。什么地方可以学习分析 X 射线衍射图呢？于是他又到英国剑桥大学卡文迪许实验室学习，在此期间沃森认识了克里克。

克里克上中学时对科学充满热情，1937 年毕业于伦敦大学，之后对生物学产生了兴趣，决心把物理学知识用于生物学的研究，1947 年他重新开始了研究生的学习，1949 年他同佩鲁兹一起使用 X 射线技术研究蛋白质分子结构，于是

DNA分子结构

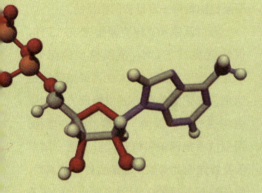

清 DNA 的结构。为了搞到 DNA X 射线衍射资料，克里克请威尔金斯到剑桥度周末。在交谈中威尔金斯接受了 DNA 结构是螺旋型的观点，还谈到他的合作者富兰克林（1920—1958，女）以及实验室的科学家们也在苦苦思索着 DNA 结构模型的问题。从 1951 年 11 月至 1953 年 4 月的 18 个月中，沃森、克里克同威尔金斯、富兰克林之间有过几次重要的学术交往。

1951 年 11 月，沃森听了富兰克林关于 DNA 结构的较详细的报告后，深受启发，具有一定晶体结构分析知识的沃森和克里克认识到，要想很快建立 DNA 结构模型，只能利用别人的分析数据。他们很快就提出了一个三股螺旋的 DNA 结构的设想。1951 年底，他们请威尔金斯和富兰克林来讨论这个模型时，富兰克林指出他们把 DNA 的含水量少算了一半，于是第一次设立的模型宣告失败。

有一天，沃森又到国王学院威尔金

斯实验室，威尔金斯拿出一张富兰克林最近拍制的"B 型"DNA 的 X 射线衍射的照片。沃森一看照片，立刻兴奋起来、心跳也加快了，因为这种图像比以前得到的"A 型"简单得多，只要稍稍看一下"B 型"的 X 射线衍射照片，再经简单计算，就能确定 DNA 分子内多核苷酸链的数目了。

克里克请数学家帮助计算，结果表明嘌呤有吸引嘧啶的趋势。他们根据这

三股螺旋的DNA结构

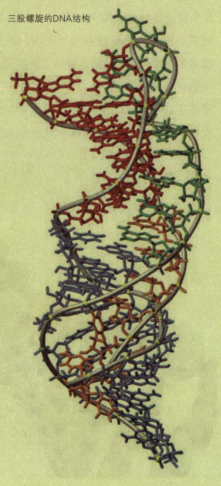

33

一结果和从查加夫处得到的核酸的两个嘌呤和两个嘧啶两两相等的结果，形成了碱基配对的概念。他们苦苦地思索 4 种碱基的排列顺序，一次又一次地在纸上画碱基结构式，摆弄模型，一次次地提出假设，又一次次地推翻自己的假设。

有一次，沃森又在按着自己的设想摆弄模型，他把碱基移来移去寻找各种配对的可能性。突然，他发现由两个氢键连接的腺嘌呤一胸腺嘧啶对竟然和由 3 个氢键连接的鸟嘌呤一胞嘧啶对有着相同的形状，于是精神为之大振。因为嘌呤的数目为什么和嘧啶数目完全相同这个谜就要被解开了。查加夫规律也就一下子成了 DNA 双螺旋结构的必然结果。因此，一条链如何作为模版合成另一条互补碱基顺序的链也就不难想象了。那么，两条链的骨架一定是方向相反的。

经过沃森和克里克紧张连续的工作，很快就完成了 DNA 金属模型的组装。从这模型中看到，DNA 由两条核苷酸链组成，它们沿着中心轴以相反方向相互缠绕在一起，很像一座螺旋形的楼梯，两侧扶手是两条多核苷酸链的糖一磷基因交替结合的骨架，而踏板就是碱基对。由于缺乏准确的 X 射线资料，他们还不敢断定模型是完全正确的。

下一步的科学方法就是把根据这个模型预测出的衍射图与 X 射线的实验数据作一番认真的比较。他们又一次打电话请来了威尔金斯。不到两天工夫，威尔金斯和富兰克林就用 X 射线数据分析

DNA金属模型的组装

DNA双螺旋结构模型

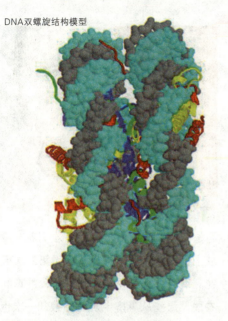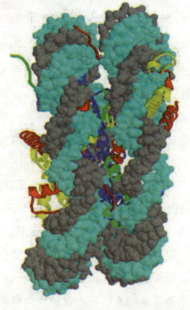

证实了双螺旋结构模型是正确的，并写了两篇实验报告同时发表在英国《自然》杂志上。1962年，沃森、克里克和威尔金斯获得了诺贝尔医学和生理学奖，而富兰克林因患癌症于1958年病逝而未被授予该奖。

20世纪30年代后期，瑞典的科学家们就证明DNA是不对称的。第二次世界大战后，用电子显微镜测定出DNA分子的直径约为2nm。

DNA双螺旋结构被发现后，极大地震动了学术界，启发了人们的思想。从此，人们立即以遗传学为中心开展了大量的分子生物学的研究。首先是围绕着4种碱基怎样排列组合进行编码才能表达出20种氨基酸为中心开展实验研究。1967年，遗传密码全部被破解，基因从

而在DNA分子水平上得到新的概念。它表明：基因实际上就是DNA大分子中的一个片段，是控制生物性状的遗传物质的功能单位和结构单位。在这个单位片段上的许多核苷酸不是任意排列的，而是以有含意的密码顺序排列的。一定结构的DNA可以控制合成相应结构的蛋白质。蛋白质是组成生物体的重要成分，生物体的性状主要是通过蛋白质来体现的。因此，基因对性状的控制是通过DNA控制蛋白质的合成来实现的。在此基础上相继产生了基因工程、酶工程、发酵工程、蛋白质工程等，这些生物技术的发展必将使人们利用生物规律造福于人类。现代生物学的发展，愈来愈显示出它将要上升为带头学科的趋势。

• 疫苗接种——免疫学的诞生

防治天花是 18 世纪医学上的一个重要课题，那时天花是人类疾病中最可怕的一种。天花患者的死亡率达 10%，而幸存者也大都变成了麻子，许多人一谈到天花就谈虎色变。甚至认为，与其变成麻脸，倒不如死去。天花并不择人而染。乔治·华盛顿在 1751 年患上天花，虽没有因此而丧生，却从此变成了麻子。1744 年，法国国王路易十五死于天花。

事实上，在那时没有麻子的脸是少见的。女人如果没有麻子，仅仅这一点，比起那些不幸的人们来，就被认为是美丽的了。每年发生好几次天花流行使英国乡村医生爱德华·琴纳感到难以应付，眼看病人痛苦地死去，医生也毫无办法。

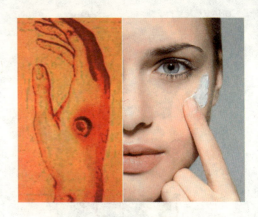

可是奇怪的是，只要得过一次天花，皮肤上留下疤痕的人再也不会得第二次天花。而且，患天花的尽是地主、神甫和农民，那些从事挤牛奶的姑娘却一次也没有发生过。

1718 年，英国贵族梅丽·惠特尼·蒙塔古夫人从土耳其旅行回来说，土耳其人把症状轻的天花患者的疤疹液故意接种到自己的身上，接种后就会患轻度天花，却因此而获得了免疫力。梅丽夫人相信这种说法，并给自己的孩子接种。实际上，中国在 16 世纪明朝隆庆年间，就发明了种痘术预防天花的方法了。到了 17 世纪，中国的种痘术传入俄国、土耳其、朝鲜和日本，传布到欧洲各国。一直到 18 世纪，在欧洲才发现了牛痘。

琴纳获得医学士之后回家乡开设了一家医院，不久就对防治天花产生了兴趣。他也许听过梅丽夫人的实验，但也许毫无所闻。然而，他确实听到过家乡格洛斯特广泛流传的一种说法，即牛痘

琴纳

既可以传染给牛，也可以传染给人。那里的人们认为，牛痘和天花是不能同时并存的。琴纳想，自古以来挤奶姑娘和牧牛姑娘漂亮，她们没有麻脸。那么，牛痘和天花又有什么关系呢？果真牛痘预防了天花吗？

琴纳决心要解答这一连串的问题，他以顽强的精神对牛痘研究了20多年。当时中国的种痘术已传到了欧洲，他仔细地阅读了有关种痘术的报告，留下了深刻的印象。琴纳开始仔细地对家畜进行观察，他观察了马的"水疵病"和牛的"牛痘"，最后得出结论。水疵病也好，牛痘也好，都是天花的一种。为什么得过一次天花而没有死去的病人，永远不会再得第二次天花呢？原来是只要患过一次天花不死，就能在身体内部获得永久对抗天花的防护力量。天花不仅危害人类，同样也袭击牛群，几乎所有的奶牛都出过

天花。挤奶姑娘和牧牛姑娘在和牛打交道的过程中，因感染上牛痘而具有抵抗天花的防疫力了。牛痘的秘密终于揭开了。琴纳决定给人们进行牛痘的人工接种来预防天花。

1796年5月17日，正是琴纳47周岁的生日。这天，琴纳的候诊室里一清早就聚集了许多好奇的人，决定性的实验时刻来到了。琴纳抱着对自己理论的充分信心，亲自承担着令人毛骨悚然的风险和责任进行人体实验。他从挤牛奶姑娘尼姆斯手上取出牛痘疮疹中的浆液，接种到一个8岁小男孩菲普斯的身上。两个月后，他再一次给这个儿童接种，不过这次不是牛痘，而是真正的天花浆液。结果那个儿童没有感染上天花，他确实获得了免疫力。为了慎重起见，琴纳还想再重复一次这个实验。为了找到一个明显的牛痘患者，他不得不等待了2年。两年的等待使他无比焦躁，但是，他并没有因此而发表只实验过一次的研究成果，而是一直耐心地等待着。1798年，琴纳终于又找到了一位牛痘患者，重复实验的结果也获得了成功。琴纳这才发表了自己的报告，宣布天花是可以征服的。

在拉丁语中，牛叫Vacca，牛痘叫Vaccina。因此，琴纳把通过接种牛痘来获得对天花免疫力的方法叫作Vaccination，这就是我们所说的"种痘"。1797年，琴纳将接种牛痘预防天花的研究成果写成论文。送到英国皇家学会时，却遭到了拒绝。一年以后，琴纳自己筹集经费刊印发表了这些论文，引起了广泛的争论。有的人表示坚决支持，有的人怀疑，也有的人反对。在无数次实践的面前，一切怀疑、反对都被无情的事实粉碎。天花可以用种牛痘的方法来预防，终于占据了历史上应有的地位，种痘在欧洲迅速传开了。

英国皇室的人也接受

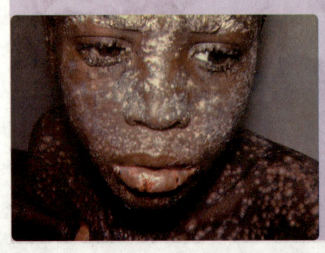

种痘。为了鼓励种痘，1803 年成立了皇家琴纳协会，琴纳任会长。天花所引起的死亡在 18 个月内就下降了 2/3。1807 年，德国的巴伐利亚州实行义务种痘制。在巴伐利亚，现在仍然纪念琴纳的诞辰，并规定这一天为休假日。其他各国也都效仿巴伐利亚，就连当时落后的俄国也沿用了这一做法。在俄国，最初接受种痘的儿童被称作 Vaccinov，这些儿童的教育费由国家承担。

由于琴纳的牛痘接种法简便、安全而高效，十几年间迅速传遍欧洲各国和美洲大陆。1805 年，牛痘接种法传入中国，逐渐取代了人痘接种。1803 年，西班牙还特地派遣医疗船队向所有海外属地推广实施牛痘接种法，这一环球航行历时整整 3 年。当时英法是交战国，但琴纳的名字深受拿破仑的敬重，拿破仑称他是"人类的救星"。德国人把琴纳 5 月 17 日的生日作为盛大的节日来庆祝，举国上下载歌载舞，开怀痛饮，欢呼人类的新生。1823 年 1 月 24 日，琴纳去世，

终年 74 岁。他的贡献并不限于战胜天花，更为重要的是，他证明疾病可以预防、传染病可以征服，是有史以来最伟大的乡村医生。

战胜天花只不过是琴纳功绩的一部分。他更重要的功绩在于发现了预防疾病的办法，他是人类历史上最早成功地对疾病进行预防的人。他利用可以产生免疫这一人体自身的机能，实现了对疾病的预防，从而成功地开辟了一个新领域，这个领域就是免疫学，并为此奠定了一定的基础。琴纳的工作的重要意义，不仅在于征服了天花，他还给人类指出了征服其他危险疾病的道路。他向人类揭示，总有一天，一切传染病都将得到预防。琴纳的牛痘接种不仅使人类免受了天花的灾难，而且还鼓舞许多科学家不懈地向传染病展开研究。

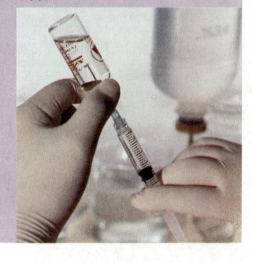

几何世界里的万花筒

杠杆原理 〉

古希腊科学家阿基米德有这样一句流传很久的名言:"给我一个支点,我就能撬起整个地球!"这句话有着严格的科学根据。

阿基米德在《论平面图形的平衡》一书中最早提出了杠杆原理。他首先把杠杆实际应用中的一些经验知识当作"不证自明的公理",然后从这些公理出发,运用几何学通过严密的逻辑论证,得出了杠杆原理。这些公理是:

(1)在无重量的杆的两端离支点相等的距离处挂上相等的重量,它们将平衡;(2)在无重量的杆的两端离支点相等的距离处挂上不相等的重量,重的一端将下倾;(3)在无重量的杆的两端离支点不相等距离处挂上相等重量,距离远的一端将下倾;(4)一个重物的作用可以用几个均匀分布的重物的作用来代替,只要重心的位置保持不变。相反,几个均匀分布的重物可以用一个悬挂在它们的重心处的重物来代替;(5)相似图形的重心以相似的方式分布……

　　正是从这些公理出发,在"重心"理论的基础上,阿基米德发现了杠杆原理,即"二重物平衡时,它们离支点的距离与重量成反比。"阿基米德对杠杆的研究不仅仅停留在理论方面,而且据此原理还进行了一系列的发明创造。据说,他曾经借助杠杆和滑轮组使停放在沙滩上的桅杆顺利下水,在保卫叙拉古免受罗马海军袭击的战斗中,阿基米德利用杠杆原理制造了远、近距离的投石器,利用它射出各种飞弹和巨石攻击敌人,曾把罗马人阻于叙拉古城外达3年之久。

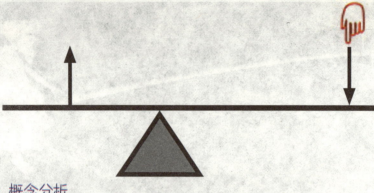

• 概念分析

在使用杠杆时，为了省力，就应该用动力臂比阻力臂长的杠杆；如果想要省距离，就应该用动力臂比阻力臂短的杠杆。因此使用杠杆可以省力，也可以省距离。但是，要想省力，就必须多移动距离；要想少移动距离，就必须多费些力。要想又省力而又少移动距离，是不可能实现的。正是从这些公理出发，在"重心"理论的基础上，阿基米德发现了杠杆原理，即"二重物平衡时，它们离支点的距离与重量成反比。"

杠杆的支点不一定要在中间，满足下列三个点的系统，基本上就是杠杆：支点、施力点、受力点。公式为：动力 × 动力臂 = 阻力 × 阻力臂，即 $F_1 \times l_1 = F_2 \times l_2$ 这样就是一个杠杆。

杠杆也有省力杠杆跟费力杠杆之分，两者的功能表现不同。例如有一种用脚踩的打气机，或是用手压的榨汁机，就是省力杠杆（力臂＞力矩）；但是我们要压下较大的距离，受力端只有较小的动作。另外有一种费力的杠杆。例如路边的吊车，钓东西的钩子在整个杆的尖端，尾端是支点、中间是油压机（力矩＞力臂），这就是费力的杠杆，但费力换来的就是中间的施力点只要移动小距离，尖端的挂钩就会移动相当大的距离。

两种杠杆都有用处，只是要用的地方要去评估是要省力或是省下动作范围。另外有种东西叫作轮轴，也可以当作是一种杠杆的应用，不过表现上可能有时要加上转动的计算。

脚踩的打气机

钓鱼竿

• 杠杆分类

镊子

杠杆可分为省力杠杆、费力杠杆和等臂杠杆。这几类杠杆有如下特征：

省力杠杆：$L1>L2,F1<F2$，省力、费距离。如拔钉子用的羊角锤、铡刀、瓶盖扳子、动滑轮、手推车、剪铁皮的剪刀及剪钢筋用的剪刀等。

费力杠杆：$L1<L2,F1>F2$，费力、省距离，如钓鱼竿、镊子、筷子、船桨、裁缝用的剪刀、理发师用的剪刀等。

等臂杠杆：$L1=L2,F1=F2$，既不省力也不费力，又不多移动距离，如天平、定滑轮等。没有任何一种杠杆既省距离又省力。

43

· 人体杠杆

几乎每一台机器中都少不了杠杆，就是在人体中也有许许多多的杠杆在起作用。拿起一件东西，弯一下腰，甚至踮一下脚尖都是人体的杠杆在起作用，了解了人体的杠杆不仅可以增长物理知识，还能学会许多生理知识。

其中，大部分为费力杠杆，也有小部分是等臂和省力杠杆。点一下头或抬一下头是靠杠杆的作用，杠杆的支点在脊柱之顶，支点前后各有肌肉，头颅的重量是阻力。支点前后的肌肉配合起来，有的收缩有的拉长，配合起来形成低头仰头。

当曲肘把重物举起来的时候，手臂也是一个杠杆。肘关节是支点，支点左右都有肌肉。这是一种费力杠杆，举起一份的重量，肌肉要花费6倍以上的力气，虽然费力，但是可以省一定距离。当你把脚尖踮起来的时候，是脚跟后面的肌肉在起作用，脚尖是支点，体重落在两者之间。这是一个省力杠杆，肌肉的拉力比体重要小，而且脚越长越省力。如果你弯一下腰，肌肉就要付出接近1200牛顿的拉力。这是由于在腰部肌肉和脊骨之间形成的杠杆也是一个费力杠杆。所以在弯腰提起立物时，正确的姿式是尽量使重物离身体近一些，以避免肌肉被拉伤。

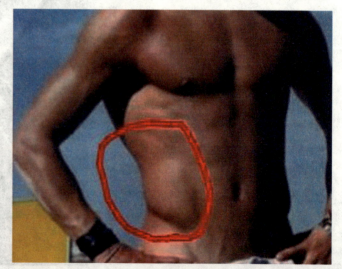

44

• 历史故事

　　阿基米德将自己锁在一间小屋里，正夜以继日地埋头写作《浮体论》。这天突然闯进一个人来，一进门就连忙喊道："哎呀！老先生原来您躲在这里？国王正调动大批人马全城四处找你呢。"阿基米德认出他是朝廷的大臣，心想：外面一定出了大事.他立即收拾起羊皮书稿，伸手抓过一顶圆壳小帽，随大臣一同出去，直奔王宫。

　　当他们来到宫殿前阶下时，就看见各种马车停了一片，卫兵们银枪铁盔，站立两行，殿内文武满座，鸦雀无声。

国王正焦急地在地毯上来回踱步。由于殿内阴暗，天还没黑就燃起了高高的烛台。灯下长条案上摆着海防图、陆防图。阿基米德看到这一切就知道！他最担心的战争终于爆发了。

　　原来地中海沿岸在古希腊衰落之后，先是马其顿王朝的兴起，马其顿王朝衰落后，接着是罗马王朝兴起。罗马人统一了意大利本土后向西扩张，遇到另一强国迦太基。公元前 264 年到公元前 241 年，两国打了 23 年仗，这是历史上有名的"第一次布匿战争"，罗马人

个阿基米德的好友亥尼洛。他年少无知，却又刚愎自用。当"第二次布匿战争"爆发后，公元前216年，眼看迦太基人将要打败罗马人，国王很快就和罗马人决裂了，与迦太基人结成了同盟，罗马人对此举很恼火。现在罗马人又打了胜仗，于是采取了报复的行动，从海陆两路向这个城邦小国攻过

取得胜利。公元前218年开始又打了4年，这是"第二次布匿战争"。这次迦太基起用一个奴隶出身的军事家汉尼拔，一举擒获罗马人5万余众。地中海沿岸的两个强国就这样连年争战，双方均有胜负。叙拉古夹在迦、罗两个强国中的城邦小国，在这种长期的战争风云中，常常随着两个强国的胜负而弃弱附强，飘忽不定。阿基米德对这种外交策略很不放心，曾多次告诫国王，不要惹祸上身。可是现在的国王已不是那

阿基米德

46

来，国王吓得没了主意。当他看到阿基米德从外面进来，连忙迎上前去，恨不得立即向他下跪，说道："啊，亲爱的阿基米德，你是最聪明的人，先王在世时说过你都能推动地球。"

关于阿基米德推动地球的说法，却还是他在亚历山大里亚留学时候的事。当时他从埃及农民提水用的吊杆和奴隶们撬石头用的撬棍受到启发，发现可以借助一种杠杆来达到省力的目的，而且发现，手握的地方到支点的这一段距离越长，就越省力气。由此他提出了这样一个定理：力臂和力（重量）的关系成反比例。这就是杠杆原理。用我们现在的表达方式表述就是：重量 × 重臂 = 力 × 力臂。为此，他曾给当时的国王亥尼洛写信说："我不费吹灰之力，就可以随便移动任何重量的东西；只要给我一个支点，给我一根足够长的杠杆，我连地球都可以推动。"可现在这个小国王并不懂得什么叫科学，他只知道在大难临头的时候，借助阿基米德的神力来救他的驾。

可是罗马军队实在太厉害了，他们作战时列成方队，前面和两侧的士兵将盾牌护着身子，中间的士兵将盾牌举在头上，战鼓一响这一个个方队就如同现代的坦克一样，向敌方阵营步步推进，任你乱箭射来也丝毫无损。罗马军队还有特别

严明的军纪，发现临阵脱逃的立即处死，士兵立功晋级，统帅获胜返回罗马时要举行隆重的凯旋仪式。这支军队称霸地中海，所向无敌，一个小小的叙拉古哪里放在眼里。况且旧恨新仇，早想进行一次彻底清算。这时由罗马执政官马赛拉斯统帅的4个陆军军团已经挺进到了叙拉古城的西北。现在城外已是鼓声齐鸣，杀声震天了。在这危急的关头，阿基米德虽然对因国王目光短浅造成的这场祸灾非常不满，但木已成舟，国家为重，他扫了一眼沉闷的大殿，捻着银白的胡须说："如果单靠军事实力，我们绝不是罗马人的对手。现在若能造出一种新式武器来，或许还可守住城池，以待援

兵。"国王一听这话，立即转忧为喜说："先王在世时早就说过，凡是你说的，大家都要相信。这场守卫战就由你全权指挥吧。"

两天以后，天刚拂晓，罗马统帅马赛拉斯指挥着他那严密整齐的方阵向护城河攻来。方阵两边还预备了铁甲骑兵，方阵内强壮的士兵肩扛着云梯。马赛拉斯在出发前曾宣称："攻破叙拉古，到城里吃午饭去。"在喊杀声中，方阵慢慢向前蠕动。照常规，城头上早该放箭了。可今天城墙上是静悄悄地不见一人。也许是几天来的恶战使叙拉古人筋疲力尽了吧。罗马人正在疑惑时，城里隐约传来吱吱呀呀的响声，接着城头上就飞出

大大小小的石块，开始时大小如碗如拳一般，以后越来越大，简直有如锅盆，山洪般地倾泻下来。石头落在敌人阵中，士兵们连忙举盾护体，谁知石头又重，速度又急，一下子连盾带人都砸成一团肉泥。罗马人渐渐支撑不住了，连滚带爬地逃命。这时叙拉古的城头又射出了密集的利箭，罗马人的背后无盾牌和铁甲抵挡，那利箭直穿背股，哭天喊地，好不凄惨。

阿基米德到底造出了什么秘密武器让罗马人大败而归呢？原来他制造了一些特大的弩弓——发石机。这么大的弓，人是根本拉不动的，他就利用了杠杆原理。只要将弩上转轴的摇柄用力扳动，那与摇柄相连的牛筋又拉紧许多根牛筋组成的粗弓弦，拉到最紧时，再突然一放，弓弦就带动载石装置，把石头高高地抛出城外，可落在 1000 多米远的地方。原来这杠杆原理并不是简单使用一根棍撬东西。比如水井上的辘轳把，它的支点是辘轳的轴心，重臂是辘轳的半径，它的力臂是摇柄，摇柄一定要比辘轳的半径长，打起水来就很省力。阿基米德的发石机也是运用这个原理。罗马人哪里知道叙拉古城有这许多新玩意儿。

就在马赛拉斯刚被打败不久，海军统帅克劳狄乌斯也派人送来了战报。原

来，当陆军从西北攻城时，罗马海军从东南海面上也发动了攻势。罗马海军原来并不十分厉害，后来发明了一种舰钩装在船上，遇到敌舰时钩住对方，士兵们再跃上敌舰，变海战为陆战，占一定的优势。克劳狄乌斯为了对付叙拉古还特意将兵舰包上了一层铁甲，准备了云梯，并号令士兵，只许前进，不许后退。奇怪的是，这天叙拉古的城头却分外安静，墙的后面看不到一卒一兵，只是远远望见几副木头架子立在城头。当罗马战船开到城下，士兵们拿着云梯正要往墙上搭的时候，突然那些木架上垂

下来一条条铁链，链头上有铁钩、铁爪，钩住了罗马海军的战船。任水兵们怎样使劲划桨都徒劳无功，那战船再也不能挪动半步。他们用刀砍，用火烧，大铁链分毫无损。正当船上一片惊慌时。只见大木架上的木轮又"嘎嘎"地转动起来，接着铁链越拉越紧，船渐渐地被吊起离开了水面。随着船身的倾斜，士兵们纷纷掉进了海里，桅杆也被折断了。船身被吊到半空后，这个大木架还会左右转动，于是那一艘艘战舰就像荡秋千一样在空中摇荡，然后有的被摔到城墙上或礁石上，成了堆碎片；有的被吊过城墙，成了叙拉古人的战利品。这时叙拉古的城头上还是静悄悄的，没有人射箭，也没有人呐喊，好像是座空城，只有那几副怪物似的木架，不时伸下一个个大钩，钩走一艘艘战船。罗马人看着这"嘎嘎"作响的怪物，吓得全身哆嗦，手脚发软，只听到海面上一片哭喊声和落水碰石后的呼救声。克劳狄乌斯在战报中说："我们根本看不见敌人，就像在和一只木桶打仗。"阿基米德的这些"怪物"原来也是利用了杠杆原理，并加了滑轮。

名人名言——阿基米德

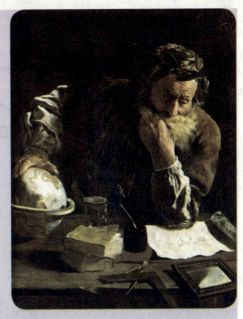

1. 给我一个支点，我就能撬动地球。

2. 即使对于君主，研究学问的道路也是没有捷径的。

3. 不要动我的图！

4. 为别人改变自己最划不来，到头来你会发觉委屈太大，而且别人对你的牺牲不一定欣赏，这又何苦？

5. 这个世界最珍贵的不是"得不到"和"已失去"，而是"已拥有"。

6. 如果理智的分析都无法支持自己做决定的时候，就交给心去做主吧！

7. 人生最大的烦恼，不是选择，而是不知道自己想得到什么，不知道到了生命的终点，自己想有些什么人在身边！

8. 在对的时间遇上对的人，是一生幸福。在对的时间遇上错的人，是一种悲哀。在错的时间遇上对的人，是一生叹息。在错的时间遇上错的人，是一世荒唐！

9. 放弃该放弃的是无奈，放弃不该放弃的是无能，不放弃该放弃的是无知，不放弃不该放弃的却是执著！

10. 如果能够用享受寂寞的态度来考虑事情，在寂寞的沉淀中反省自己的人生，真实地面对自己，就可以在生活中找到更广阔的天空，包括对理想的坚持，对生命的热爱，和一些生活的感悟！

11. 有些机会因瞬间的犹豫擦肩而过，有些缘分因一时的任性滑落指间。许多感情疏远淡漠，无力挽回，只源于一念之差；许多感谢羞于表达，深埋心底，成为一生之憾。所以，当你举棋不定时，不妨问问自己，这么做，将来会后悔吗？请用今天的努力让明天没有遗憾！

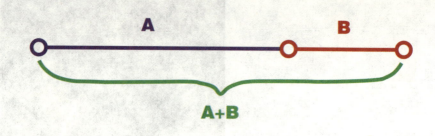

黄金分割点 ＞

把一条线段分割为两部分, 使其中一部分与全长之比等于另一部分与这部分之比。其比值是一个无理数, 取其前三位数字的近似值是0.618。由于按此比例设计的造型十分美丽, 因此称为黄金分割。这个分割点就叫作黄金分割点（golden section ratio, 通常用ϕ表示）。这是一个十分有趣的数字, 我们以0.618来近似表示, 通过简单的计算就可以发现：(1–0.618)/0.618=0.6, 一条线段上有两个黄金分割点。

● 发现历史

由于公元前6世纪古希腊的毕达哥拉斯学派研究过正五边形和正十边形的作图, 因此现代数学家们推断当时毕达哥拉斯学派已经触及甚至掌握了黄金分割。

公元前4世纪, 古希腊数学家欧多克索斯第一个系统研究了这一问题, 并建立

起比例理论。他认为所谓黄金分割, 指的是把长为L的线段分为两部分, 使其中一部分对于全部之比, 等于另一部分对于该部分之比。

黄金分割在文艺复兴前后, 经过阿拉伯人传入欧洲, 受到了欧洲人的欢迎,

数学家欧多克索斯

意大利数学家帕乔

著名的例子是优选学中的黄金分割法或 0.618 法，是由美国数学家基弗于 1953 年首先提出的，20 世纪 70 年代由华罗庚提倡在中国推广。

• 美学价值

因为黄金分割在造型艺术中具有美学价值，在工艺

他们称之为"金法"，17 世纪欧洲的一位数学家，甚至称它为"各种算法中最可宝贵的算法"。这种算法在印度称之为"三率法"或"三数法则"，也就是我们现在常说的比例方法。

公元前 300 年前后欧几里得撰写《几何原本》时吸收了欧多克索斯的研究成果，进一步系统论述了黄金分割，成为最早的有关黄金分割的论著。

中世纪后，黄金分割被披上神秘的外衣，意大利数学家帕乔利称黄金分割为神圣比例，并专门为此著书立说。德国天文学家开普勒称黄金分割为神圣分割。

到 19 世纪黄金分割这一名称才逐渐通行。黄金分割数有许多有趣的性质，人类对它的实际应用也很广泛：最

美术和日用品的长宽设计中，采用这一比值能够引起人们的美感，在实际生活中的应用也非常广泛，建筑物中某些线段的比就科学采用了黄金分割，舞台上的报幕员并不是站在舞台的正中央，而是偏台上一侧，以站在舞台长度的黄金分割点的位置最美观，声音传播得最好。就连植物界也有采用黄金分割的地方，如果从一棵嫩枝的顶端向下看，就会看到叶子是按照黄金分割的规律排列着的。在很多科学实验中，选取方案常用一种 0.618 法，即优选法，它可以使我们合理地安排较少的实验次数找到合理的及合适的工艺条件。正因为它在建筑、文艺、工农业生产和科学实验中有着广泛而重要的应用，所以人们才珍贵地称它为"黄金分割"。

黄金分割具有严格的比例性、艺术性、和谐性，蕴藏着丰富的美学价值。应用时一般取 0.618，就像圆周率在应用时取 3.14 一样。人们认为如果符合这一比例的话，就会显得更美、更好看、更协调。在生活中，对"黄金分割"有着很多的应用。最完美的人体：肚脐到脚底的距离 / 头顶到脚底的距离 =0.618；最漂亮的脸庞：眉毛到脖子的距离 / 头顶到脖子的距离 =0.618。

这个数值的作用不仅仅体现在诸如绘画、雕塑、音乐、建筑等艺术领域，而且在管理、工程设计等方面也有着不可忽视的作用。

一个很能说明问题的例子是五角星 / 正五边形。五角星是非常美丽的，我们的国旗上就有五颗，还有不少国家的国旗也用五角星，这是为什么？因为在五角星中可以找到的所有线段之间的长度关系都是符合黄金分割比的。正五边形对角线连满后出现的所有三角形，都是黄金分割三角形。

54

植物的叶子千姿百态，生机盎然，给大自然带来了美丽的绿色世界。尽管叶子形状随种而异，但它在茎上的排列顺序（称为叶序）是极有规律的。你从植物茎的顶端向下看，经细心观察，发现上下层中相邻的两片叶子之间约成 137.5° 角。如果每层叶子只画一片来代表，第一层和第二层的相邻两叶之间的角度差约是 137.5°，以后二到三层，三到四层，四到五层……两叶之间都成这个角度数。植物学家经过计算表明：这个角度对叶子的采光、通风都是最佳的。叶子的排布，多么精巧！

今人惊讶的是，人体自身也和 0.618 密切相关。对人体解剖很有研究的意大利画家达·芬奇发现，人的肚脐位于身长的 0.618 处。科学家们还发现，当外界环境温度为人体温度的 0.618 倍时，人会感到最舒服。

高雅的艺术殿堂里，自然也留下了黄金数的足迹。画家们发现，按 0.618：1 来设计腿长与身高的比例，画出的人体身材最优美，而现今的女性，腰身以下的长

度平均只占身高的 0.58，因此古希腊维纳斯女塑像及太阳神阿波罗的形象都通过故意延长双腿，使之与身高的比值为 0.618，从而创造艺术美。难怪许多姑娘都愿意穿上高跟鞋，而芭蕾舞演员则在翩翩起舞时，不时地踮起脚尖。音乐家发现，二胡演奏中，"千金"分弦的比符合 0.618：1 时，奏出来的音调最和谐、最悦耳。

希腊古城雅典有一座用大理石砌成的神庙，神庙大殿中央的女神像是用象牙和黄金雕成的。女神的体态轻柔优美，引人入胜。经专家研究发现，她的身体从脚跟到肚脐间的距离与整个身高的比值，恰好是 0.618。不仅雅典娜女神身材如此美好，其他许多希腊女神的身体比例也是如此。人们所熟悉的米洛斯"维纳斯"、太阳神阿波罗的形象、海姑娘——阿曼等一些名垂千古的雕像，都可以找到 0.618 的比值。1483 年左右，达·芬奇画的一幅未完成的油画包围着圣杰罗姆躯体的黑线，就是一个黄金分割的矩形，当时达·芬奇似乎有意利用这一黄金分割的比值。

"检阅"是法国印象派画家舍勒特的一幅油画，它的结构比例也正是 0.618 的比值。英国画家斐拉克曼的名著《希腊的神话和传说》一书中，共绘有 96 幅美人图。每一幅画上的美人都妩媚无比、婀娜多姿。如果仔细量一下她们的比例也都和雅典娜相似。

建筑师们发现，按这样的比例来设计殿堂，殿堂更加雄伟、壮丽；去设计别墅，别墅将更加舒适、美丽。连一扇门窗若设计为黄金矩形都会显得更加协调和令人赏心悦目。早在公元前五世纪，希腊建筑家就知道 0.618 的比值是协调，平衡的结构，古希腊帕提侬神庙由于高和宽的比是 0.618，成了举世闻名的完美建筑。文明古国埃及的金字塔，形似方锥，大小各异。但这些金字塔底面的边长与高之比都接近于 0.618。黄金律是建筑艺术必须遵循的规律。在建筑造型上，人们在高塔的黄金分割点处建楼阁或设计平台，便能使平直单调的塔身变得丰富多彩。

埃及的金字塔

● 化学的奇妙组合

拉瓦锡 ＞

　　安托万·洛朗·拉瓦锡（A.L.Lavoisier，1743–1794）法国著名化学家，近代化学的奠基人之一，"燃烧的氧学说"的提出者。1743年8月26日生于巴黎，因其包税官的身份在法国大革命时的1794年5月8

日于巴黎被处死。拉瓦锡与他人合作制定出化学物种命名原则，创立了化学物种分类新体系。拉瓦锡根据化学实验的经验，用清晰的语言阐明了质量守恒定律和它在化学中的运用。这些工作，特别是他所提出的新观念、新理论、新思想，为近代化学的发展奠定了重要的基础，因而后人称拉瓦锡为近代化学之父。拉瓦锡之于化学，犹如牛顿之于物理学。

250
240
220
200
180
16

· 质量守恒定律

拉瓦锡对化学的第一个贡献便是从实验的角度验证并总结了质量守恒定律。早在拉瓦锡出生之时，多才多艺的俄罗斯科学家罗蒙诺索夫就提出了质量守恒定律，他当时称之为"物质不灭定律"，其中含有更多的哲学意蕴。但由于"物质不灭定律"缺乏丰富的实验根据，特别是当时俄罗斯的科学还很落后，西欧对沙俄的科学成果不重视，"物质不灭定律"没有得到广泛的传播。

拉瓦锡用硫酸和石灰合成了石膏，当他加热石膏时放出了水

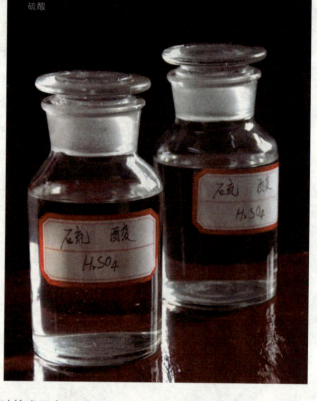

硫酸

石灰

蒸气。他用天平仔细称量了不同温度下石膏失去水蒸气的质量。他的导师鲁伊勒把失去水蒸气称为"结晶水"，从此就多了一个化学名词——结晶水。这次意外的成功使拉瓦锡养成了经常使用天平的习惯。由此，他总结出质量守恒定律，并成为他进行实验、思维和计算的基础。为了表明守恒的思想，用等号而不用箭头表示变化过程。如糖转变为酒精的发酵过程表示为下面的等式：

葡萄糖 $(C_6H_{12}O_6)$ = 二氧化碳（CO_2）+ 酒精 (C_2H_5OH) 这正是现代化学方程式的雏形。为了进一步阐明这种表达方

式的深刻含义，拉瓦锡又撰文写道："可以设想，参加发酵的物质和发酵后的生成物列成一个代数式，再假定方程式中的某一项是未知数，然后通过实验，算出它们的值。这样就可以用计算来检验实验，再用实验来验证计算。我就经常用这种方法修正实验初步结果，使我能通过正确的途径改进实验，直到获得成功。"

葡萄糖($C_6H_{12}O_6$)

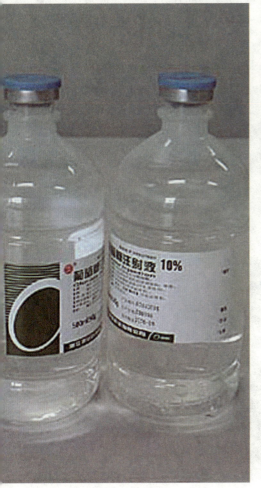

氮

• 燃烧原理

燃烧原理是他对化学研究的第二大贡献。伟大的科学家描述了最重要的气体：氧、氮和氢的作用，拉瓦锡最重要的发现是关于燃烧的原理。之所以能够有此发现，是因为他第一次准确地识别出了氧气的作用。事实上，科学家确认燃烧是氧化的化学反应，即燃烧是物质同某种气体的一种结合。拉瓦锡为这种气体确立了名称，即氧气，事实上就是"成酸元素"的意思。

拉瓦锡最终排除了当时流行极广的关于"燃素"的错误看法。按照那种理论，在燃烧期间，任何被燃烧的物质同一种被称为"燃素"的物质相分离。"燃素"被认为是整个燃烧过程的主导者。

拉瓦锡还识别出了氮气。这种气体早在 1772 年就被发现了，但被命名了一个错误的名称——"废气"（意思是"用过的气"，也就是没有燃素的气，因此不会再被用作燃烧的气）。拉瓦锡则发现这种"气体"实际上是由一种被称为氮的气体构成的，因为它"无活力"。后来，他又识别出了氢气，这个名称的意思是"成水的元素"。拉瓦锡还研究过生命的过程。他

认为，从化学的观点看，物质燃烧和动物的呼吸同属于空气中氧所参与的氧化作用。

1772 年秋天，拉瓦锡照习惯称量了定量的红磷，使之燃烧、冷却后又称量灰烬（P_2O_5）的质量，发现质量竟然增加了！他又燃烧硫磺，同样发现灰烬的质量大于硫磺的质量。他想这一定是什么气体被白磷和硫磺吸收了。于是他又改进实验的方法：将白磷放入一个钟罩，钟罩里留有一部分空气，钟罩里的空气用管子连接一个水银柱（注：测定空气的压力）。加热到 40℃ 时白磷就迅速燃烧，水银柱上升。拉瓦锡还发现"1 盎司

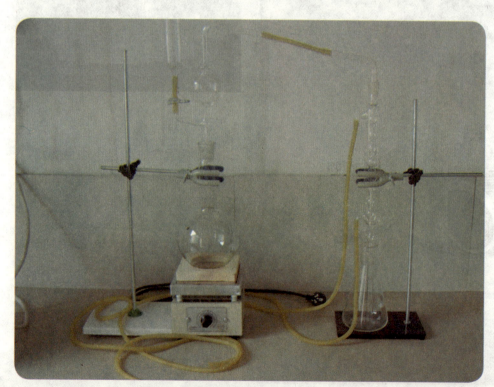

白磷

的白磷大约可得到 2.7 盎司的白色灰烬（P_2O_5）。增加的重量和所消耗的 1/5 容积的空气重量基本接近"。

拉瓦锡的发现和当时的燃素学说是相悖的。燃素学说认为燃烧是分解过程，燃烧产物应该比可燃物质量轻。他把实验结果写成论文交给法国科学院。从此他做了很多实验来证明燃素说的错误。在 1773 年 2 月，他在实验记录本上写道："我所做的实验使物理和化学发生了根本的变化。"他将新化学命名为"反燃素化学"。

1775 年，拉瓦锡对氧气进行研究。他发现燃烧时增加的质量恰好是氧气减少的质量。以前认为可燃物燃烧时吸收了一部分空气，实际上是吸收了氧气，与氧气化合，这就是彻底推翻了燃素说的燃烧学说。

1777 年，拉瓦锡批判燃素学说："化学家从燃素说只能得出模糊的要素，它十分不确定，因此可以用来任意地解释各种事物。有时这一要素是有重量的，有时又没有重量；有时它是自由之火，有时又说它与土素相化合成火；有时说它能通过容器壁的微孔，有时又说它不能透过；它能同时用来解释碱性和非碱性、透明性和非透明性、有颜色和无色。它真是只变色虫，每时每刻都在改变它的面貌。"

1777 年 9 月 5 日，拉瓦锡向法国科学院提交了划时代的《燃烧概论》，系统地阐述了燃烧的氧化学说，将燃素说倒立的化学正立过来。这本书后来被翻译成多国语言，逐渐扫清了燃素说的影响。化学自此切断与古代炼丹术的联系，揭掉神秘和臆测的面纱，取而代之的是科学实验和定量研究。化学由此也进入定量化学（即近代化学）时期。

德米特里·门捷列夫

响了一代又一代的化学家。

门捷列夫对化学这一学科发展的最大贡献在于发现了化学元素周期律。他在批判地继承前人工作的基础上，对大量实验事实进行了订正、分析和概括，总结出这样一条规律：元素（以及由它所形成的单质和化合物）的性质随着原子量（现根据国家标准称为相对原子质量）的递增而呈周期性的变化，即元素周期律。他根据元素周期律编制了第一个元素周期表，把已经发现的63种元素全部列入表里，从而初步完成了使元素系统化的任务。他还在表中留下空位，预言了类似硼、铝、硅的未知元素（门捷列夫叫它类硼、类铝和类硅，即以后发现的钪、镓、锗）的性质，并指出当时测定的某些元素原子量的数值有错误。而他在周期表中也没有机械

门捷列夫的元素周期表 ＞

德米特里·门捷列夫，19世纪俄国化学家，他发现了元素周期律，并就此发表了世界上第一份元素周期表。1907年2月2日，这位享有世界盛誉的俄国化学家因心肌梗塞与世长辞，那一天距离他的73岁生日只有6天。他的名著、伴随着元素周期律而诞生的《化学原理》，在19世纪后期和20世纪初，被国际化学界公认为标准著作，前后共出了8版，影

64

地完全按照原子量数值的顺序排列。若干年后，他的预言都得到了证实。门捷列夫工作的成功引起了科学界的震动。人们为了纪念他的功绩，就把元素周期律和周期表称为门捷列夫元素周期律和门捷列夫元素周期表。

攀登科学高峰的路，是一条艰苦而又曲折的路。门捷列夫在这条路上，也是吃尽了苦头。当他担任化学副教授以后，负责讲授《化学基础》课。在理论化学里应该指出自然界到底有多少元素？元素之间有什么异同和存在什么内部联系？新的元素应该怎样去发现？这些问题，当时的化学界正处在探索阶段。几

十年里，各国的化学家们，为了打开这秘密的大门，进行了顽强的努力。虽然有些化学家如德贝莱纳和纽兰兹在一定深度和不同角度客观地叙述了元素间的某些联系，但由于他们没有把所有元素作为整体来概括，所以没有找到元素的正确分类原则。年轻的学者门捷列夫也毫无畏惧地冲进了这个领域，开始了艰难的探索工作。

他不分昼夜地研究着，探求元素的化学特性和它们的一般的原子特性，然后将每个元素记在一张小纸卡上。他企图在元素全部的复杂的特性里，捕捉元素的共同性。虽然他的研究一次又一次

元素

地失败了。可他不屈服，不灰心，坚持干下去。

为了彻底解决这个问题，他又走出实验室，开始出外考察和整理收集资料。1859年，他去德国海德尔堡进行深造。2年中，他集中精力研究了物理化学，使他探索元素间内在联系的基础更扎实了。1862年，他对巴库油田进行了考察，对液体进行了深入研究，重测了一些元素的原子量，使他对元素的特性有了深刻的了解。1867年，他借应邀参加在法国举行的世界工业展览俄罗斯陈列馆工作的机会，参观和考察了法国、德国、比利时的许多化工厂、实验室，大开眼界，丰富了知识。这些实践活动，不仅增长了他认识自然的才干，而且对他发现元素周期律，奠定了雄厚的基础。之后门捷列夫又返回实验室，继续研究他的纸卡。他把重新测定过的原子量的元素，按照原子量的大小依次排列起来。他发现性质相似的元素，它

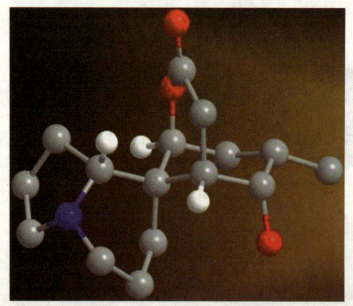

们的原子量并不相近；相反，有些性质不同的元素，它们的原子量反而相近。他紧紧抓住元素的原子量与性质之间的相互关系，不停地研究着。他的脑子因过度紧张，而经常昏眩。但是，他的心血并没有白费，在1869年2月19日，他

196.7，而门捷列夫坚定地认为金应排列在这3种元素的后面，原子量都应重新测定。大家重测的结果，锇为190.9、铱为193.1、铂为195.2，而金是197.2。实践证实了门捷列夫的论断，也证明了周期律的正确性。

终于发现了元素周期律。他的周期律说明：简单物体的性质，以及元素化合物的形式和性质，都和元素原子量的大小有周期性的依赖关系。门捷列夫在排列元素表的过程中，又大胆指出，当时一些公认的原子量不准确。如那时金的原子量公认为169.2，按此在元素表中，金应排在锇、铱、铂的前面，因为它们被公认的原子量分别为198.6、6.7、

在门捷列夫编制的周期表中，还留有很多空格，这些空格应由尚未发现的元素来填满。门捷列夫从理论上计算出这些尚未发现的元素的最重要性质，断定它们介于邻近元素的性质之间。例如，在锌与砷之间的两个空格中，他预言这2个未知元素的性质分别为类铝和类硅。就在他预言后的4年，法国化学家布阿勃朗用光谱分析法，从闪锌矿中发

现了镓。实验证明，镓的性质非常像铝，也就是门捷列夫预言的类铝。镓的发现具有重大的意义，它充分说明元素周期律是自然界的一条客观规律；为以后元素的研究，新元素的探索，新物资、新材料的寻找，提供了一个可遵循的规律。元素周期律像重炮一样，在世界上空轰响了！

门捷列夫发现了元素周期律，在世界上留下了不朽的遗产，人们给他以很高的评价。恩格斯在《自然辩证法》一书中曾经指出。"门捷列夫不自觉地应用黑格尔的量转化为质的规律，完成了科学上的一个勋业，这个勋业可以和勒维烈计算尚未知道的行星海王星的轨道的勋业居于同等地位。"由于时代的局限性，门捷列夫的元素周期律并不是完整无缺的。1894年，稀有气体氩的发现，对周期律是一次考验和补充。1913年，英国物理学家莫塞莱在研究各种元素的伦琴射线波长与原子序数的关系后，证实原子序数在数量上等于原子核所带的阳电荷，进而明确作为周期律的基础不是原子量而是原子序数。在周期律指导下产生的原子结构学说，不仅赋予元素周期律以新的说明，并且进一步阐明了周期律的本质，把周期律这一自然法则放在更严格更科学的基础上。元素周期律经过后人的不断完善和发展，在人们认识自然，改造自然，征服自然的斗争中，发挥着越来越大的作用。

化学原子

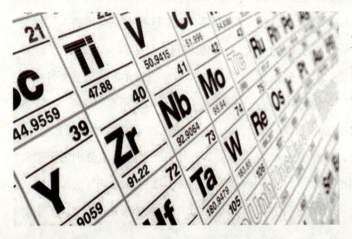

> 名人名言——门捷列夫

1. 科学的种子，是为了人民的收获而生长的。

2. 一个人要发现卓有成效的真理，需要千百万个人在失败的探索和悲惨的错误中毁掉自己的生命。

3. 没有经过实践检验的理论，不管它多么漂亮，都会失去分量，不会为人所承认；没有以有分量的理论作基础的实践一定会遭到失败。

4. 科学不但能给青年人以知识，给老年人以快乐，还能使人惯于劳动和追求真理，能为人民创造真正的精神财富和物质财富，能创造出没有它就不能获得的东西。

5. 没有加倍的勤奋，就既没有才能，也没有天才！

了伟大的贡献。

1896年，法兰西共和国物理学家贝克勒尔发表了一篇工作报告，详细地介绍了他通过多次实验发现的铀元素，铀及其化合物具有一种特殊的本领，它能自动地、连续地放出一种人的肉眼看不见的射线，这种射线和一般光线不同，能透过黑纸使照相底片感光，它同伦琴发现的伦琴射线也不同，在没有高真空气体放电和外加高电压的条件下，却能从铀和铀盐中自动发生。铀及其化合物不断地放出射线，向外辐射能量，这使居里夫产生了极大的兴趣。这些能量来自于什么地方？这种与众不同的射线的性质又是什么？居里夫人决心揭开它的秘密。

淡蓝的"镭"光 〉

1897年，居里夫人选定了自己的研究课题——对放射性物质的研究。这个研究课题，把她带进了科学世界的新天地。她辛勤地开垦了一片处女地，最终完成了近代科学史上最重要的发现之一——发现了放射性元素镭，并奠定了现代放射化学的基础，为人类作出

在实验研究中，居里夫人设计了一种测量仪器，不仅能测出某种物质是否存在射线，而且能测量出射线的强弱。

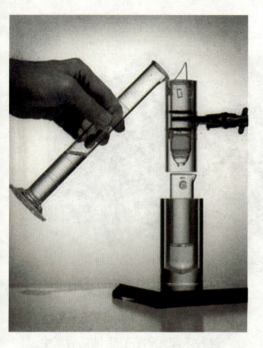

她经过反复实验发现：铀射线的强度与物质中的含铀量成一定比例，而与铀存在的状态以及外界条件无关。

居里夫人对已知的化学元素和所有的化合物进行了全面的检查，获得了重要的发现：一种叫作钍的元素也能自动发出看不见的射线来，这说明元素能发出射线的现象绝不仅仅是铀的特性，而是有些元素的共同特性。

她把这种现象称为放射性，把有这种性质的元素叫作放射性元素。它们放出的射线就叫"放射线"。她还根据实验结果预测：含有铀和钍的矿物一定有放射性；不含铀和钍的矿物一定没有放射性。仪器检查完全验证了她的预测。她排除了那些不含放射性元素的矿物，集中研究那些有放射性的矿物，并精确地测量元素的放射性强度。在实验中，她发现一种沥青铀矿的放射性强度比预计的强度大得多，这说明实验的矿物中含有一种人们未知的新放射性元素，且这种元素的含量一定很少，因为这种矿物早已被许多化学家精确地分析过了。她果断地在实

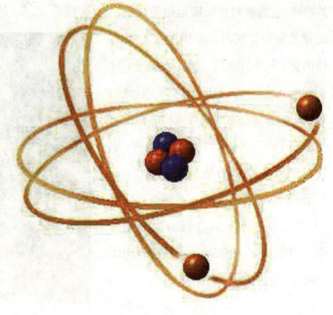

71

铀沥青矿石

验报告中宣布了自己的发现，并努力要通过实验证实它。在这关键的时刻，她的丈夫比埃尔·居里也意识到了妻子的发现的重要性，停下了自己关于结晶体的研究，来和她一道研究这种新元素。经过几个月的努力，他们从矿石中分离出了一种同铋混合在一起的物质，它的放射性强度远远超过铀，这就是后来被列在元素周期表上第84位的钋。几个月以后，他们又发现了另一种新元素，并把它取名为镭。但是，居里夫妇并没有立即获得成功的喜悦。当拿到了一点点新元素的化合物时，他们发现原来所做的估计太乐观了。事实上，矿石中镭的含量还不到百万分之一。只是由于这种混合物的放射性极强，所以含有微量镭盐的物质表现出比铀要强几百倍的放射性。

这种未知元素存在于铀沥青矿中，但是他们根本没有想到这种新元素在矿石中的含量只不过百万分之一。他们废寝忘食，夜以继日，接着化学分析的程序，分析矿石所含有的各种元素及其放射性，几经淘汰，逐渐得知那种制造反常的放射性的未知元素隐藏在矿石的两个化学部分里。经过不懈的努力，1898年7月，他们从其中一个部分寻找到一种新元素，它的化学性质与铅相似，放射性比铀强400倍。皮埃尔请夫人玛丽给这一新元素命名，她安静地想了一会，回答说："我们可否叫它为钋（pō）"。玛丽以此纪念她念念不忘的祖国，那个在当时的世界地图上已被俄、德、奥瓜分掉的国家——波兰，为

了表示对祖国的热爱，玛丽在论文交给理科博士学院的同时，把论文原稿寄回祖国，所以她的论文差不多在巴黎和华沙同时发表。她的成就为祖国人民争得了骄傲和光荣。

发现钋元素之后，居里夫妇以孜孜不倦的精神，继续对放射性比纯铀强900倍的含钡部分进行分析。经过浓缩，分部结晶，终于在同年12月得到少量的不很纯净的白色粉末。这种白色粉末在黑暗中闪烁着白光，据此居里夫妇把它命名为镭，它的拉丁语原意是"放

射"。钋和镭的发现，给科学界带来极大的不安。一些物理学家保持谨慎的态度，要等研究得到进一步成果才愿表示意见。一些化学家则明确地表示，测不出原子量，就无法表示镭的存在。把镭指给我们看，我们才相信它的存在。要从铀矿中提炼出纯镭或钋，并把它们的原子量测出来，这对于当时既无完好和足够的实验设备，又没有购买矿石资金和足够的实验费用的居里夫妇，显然比

从铀矿中发现钋和镭要难得多。为了克服这一困难，他们四处奔波，争取有关部门的帮助和支援。在他们的努力下，奥地利赠予1吨铀矿残渣。他们又在理化学校借到一个连搁死尸都不合用的破漏棚屋，开始了更为艰辛的工作。这个棚屋，夏天燥热得像一间烤炉，冬天却冻得可以结冰，不通风的环境还迫使他们把许多炼制操作放在院子里露天下进行。没有一个工人愿意在这种条件

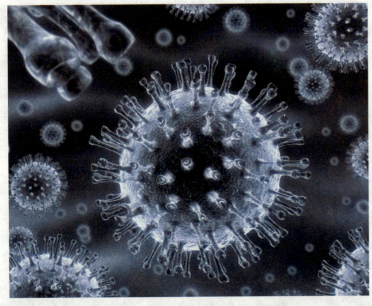

子美丽的生命和不屈的信念。在光谱分析中，它与任何已知的元素的谱线都不相同。镭虽然不是人类第一个发现的放射性元素，但是放射性最强的元素。利用它的强大放射性，

下工作，居里夫妇却在这一环境中奋斗了4年。

4年中，不论寒冬还是酷暑，繁重的劳动，毒烟的熏烤，他们从不叫苦。对科学事业的执著追求使艰辛的工作变成了生活的真正乐趣，百折不挠的毅力使他们终于在1902年，即发现镭后的第45个月，从7吨沥青铀矿的炼渣中提炼出0.1克的纯净的氯化镭，并测得镭的原子量为225。

从此镭的存在得到了证实。镭是一种极难得到的天然放射性物质，它的形体是有光泽的、像细盐一样的白色结晶，镭具有略带蓝色的荧光，而就是这点美丽的淡蓝色的荧光，融入了一个女

能进一步查明放射线的许多新性质。以使许多元素得到进一步的实际应用。医学研究发现，镭射线对于各种不同的细胞和组织作用大不相同，那些繁殖快的细胞，一经镭的照射很快都被破坏了。这个发现使镭成为治疗癌症的有力手段。癌瘤是由繁殖异常迅速的细胞组成的，镭射线对于它的破坏远比周围健康组织的破坏作用大得多。这种新的治疗方法很快在世界各国发展起来。在法国，镭疗术被称为居里疗法。镭的发现从根本上改变了物理学的基本原理，对于促进科学理论的发展和在实际中的应用，都有十分重要的意义。

居里夫人

　　居里夫人 Marie Curie（1867–1934）法国籍波兰科学家，研究放射性现象，发现镭和钋两种放射性元素，一生两度获诺贝尔奖。作为杰出科学家，居里夫人有一般科学家所没有的社会影响。尤其因为是成功女性的先驱，她的典范激励了很多人。很多人在儿童时代就听过她的故事，但得到的多是一个简化和不完整的印象。世人对居里夫人的认识很大程度上受其次女在 1937 年出版的传记《居里夫人》（Madame Curie）影响。这本书美化了居里夫人的生活，把她一生所遇到的曲折都平淡地处理了。美国传记女作家苏珊·昆（Susan Quinn）花了 7 年时间，收集包括居里家庭成员和朋友的没有公开的日记和传记资料，出版了一本新书：《玛丽亚·居里：她的一生》（Maria Curie: A Life），为她艰苦、辛酸和奋斗的生命历程描绘了一幅更详细和深入的图像。

BEI SHI YAN GAI BIAN DE SHI JIE

● 物理界的"苹果"

伽利略落体实验 〉

关于落体运动，古希腊哲学家亚里士多德仅仅凭借直觉和观感，曾经做出过这样的结论：重的物体下落速度比轻的物体下落速度快，落体速度与重量成正比。

1590年，伽利略在比萨斜塔上做了"两个铁球同时落地"的实验，得出了重量不同的两个铁球同时落地的结论，从此推翻了亚里士多德"物体下落速度和重量成比例"的学说，纠正了这个持续了1900多年之久的错误结论。

关于自由落体实验，伽利略做了大量的实验，他站在斜塔上面让不同材料构成的物体从塔顶上落下来，并测定下落时间有多少差别。结果发现，各种物体都是同时落地，而不分先后。也就是说，下落运动与物体的具体特征并无关系。无论木制球或铁制球，如果同时从塔上开始下落，它们将同时到达地面。伽利略通过反复的实验，认为如果不计空气阻力，轻重物体的自由下落速度是相同的，即重力加速度的大小都是相同的。

伽利略用简单明了的科学推理，巧妙地揭示了亚里士多德的理论内部包含的矛盾。他在1638年写的《两种新科学的对话》一书中指出：根据亚里士多德的论断，一块大石头的下落速度要比一块小石头的下落速度大。假定大石头的下落速度为8，小石头的下落速度为4，当我们把两块石头拴在一起时，下落快的会被下落慢的拖着而减慢，下落慢的会被下落快的拖着而加快，结果整个系统的下落速度应该小于8。但是两块石头拴在一起，加起来比大石头还要重，因此重物体比轻物体的下落速度要小。这样，就从重物体比轻物体下落得快的假设，推出了重物体比轻物体下落得慢的结论。亚里士多德的理论陷入了自相矛盾的境地。伽利略由此推断重物体不会比轻物体下落得快。伽利略认为，自由落体是一种最简单的变速运动。他设想，最简单的变速运动的速度应该是均匀变化的。但是，速度的变化怎样才算均匀呢？他考虑了两种可能：一种是速度的变化对时间来说是均匀的，即经过相等的时间，速度的变化相等；另一种是速度的变化对位移来说是均匀的，即经过相等的位移，速度的变化相等。伽利略假设第一种方式最简单，并把这种运动叫作匀变速运动。

伽利略对自由落体的研究，开创了研究自然规律的科学方法，这就是抽象思维、数学推导和科学实验相结合的方法，这种方法对于后来的科学研究具有重大的启蒙作用，至今仍不失为重要的科学方法之一。该实验被评为"最美物理实验"之一。

被实验改变的世界

牛顿三棱镜实验 〉

在光学发展的早期，对颜色的解释显得特别困难。在牛顿以前，欧洲人对颜色的认识流行着亚里士多德的观点。亚里士多德认为，颜色不是物体客观的性质，而是人们主观的感觉，一切颜色的形成都是光明与黑暗、白与黑按比例混合的结果。1663年波义耳也曾研究了物体的颜色问题，他认为物体的颜色并不是属于物体实质性的性质，而是由于光线在被照射的物体表面上发生变异所引起的。能完全反射光线的物体呈白色，完全吸收光线的物体呈黑色。另外还有不少科学家，如笛卡儿、胡克等也都讨论过白光分散或聚集成颜色的问题，但他们都主张红色是大大地浓缩了的光，紫光是大大地稀释了的光这样一个复杂紊乱的理论。所以在牛顿以前，由棱镜产生的折射被假定是实际上产生了色，而不是仅仅把已经存在的色分离开来。

• 光的色散实验

1. 设计并进行三棱镜实验：当白光通过无色玻璃和各种宝石的碎片时，就会形成鲜艳的各种颜色的光。牛顿做了一个有名的三棱镜实验，他在著作中记载道："1666年初，我做了一个三角形的玻璃棱柱镜，利用它来研究光的颜色。为此，我把房间里弄成漆墨的，在窗户上做一个小孔，让适量的日光射进来。我又把棱镜放在光的入口处，使折射的光能够射到对面的墙上去，当我第一次看到由此而产生的鲜明强烈的光色时，使我感到极大的愉快。"通过这个实验，在墙上得到了一个彩色光斑，颜色的排列是红、橙、黄、绿、蓝、靛、紫。牛顿把这个颜色的光斑叫作光谱。该实验被评为"物理最美实验"之一。

2. 进一步设计实验，获得纯光谱：牛顿在上述实验中所得到的光谱是不纯的，他认为光谱之所以不纯是因为光谱是由一系列相互重叠的圆形色斑的像所组成。牛顿为了获得很纯的光谱，便设计了一套光学仪器进行实验。

用白光通过一透镜后照亮狭缝 S，狭缝后放一会聚透镜（凸透镜）以便形

81

成狭缝 S 的像 S，然后在透镜的光路上放一个棱镜。结果光通过棱镜因偏转角度不同而被分开，以致在白色光屏上形成一个由红到紫的光谱带。这个光谱带是由一系列彼此邻接的狭缝的彩色像组成的。若狭缝做得很窄，重叠现象就可以减小到最低限度，因而光谱也变得很纯。

3. 牛顿提出解释光谱的理论：牛顿为了解释三棱镜实验中白光的分解现象，认为白光是由各种不同颜色光组成的，玻璃对各种色光的折射率不同，当白光通过棱镜时，各色光以不同角度折射，结果就被分开成颜色光谱。白光通过棱镜时，向棱镜的底边偏折，紫光偏折最大，红光偏折最小。棱镜使白光分开成各种色光的现象叫作色散。严格地说，光谱中有很多各种颜色的细线，它们都极平滑地融在相邻的细线里，以致使人觉察不到它的界限。

4. 设计实验验证上述理论的正确性：为了进一步研究光的颜色，验证上述理论的正确性，牛顿又做了另一个实验。牛顿在观察光谱的屏幕 DE 上打一小孔，再在其后放一有小孔的屏幕 de，让通过此小孔的光是具有某种颜色的单色光。牛顿在这个光束的路径上再放上第二个棱镜 abc，它的后面再放一个新的观察屏 V。实验表明，第二个只是把这个单色光束整个地偏转一个角度，而并不改变光的颜色。实验中，牛顿转动第一个棱镜 ABC，使光谱中不同颜色的光通过 DE 和 de 屏上的小孔，在所有这些情况下，这些不同颜色的单色光都不能被第二个棱镜再次分解，它们各自通过第二个检镜后都只偏转一定的角度，而且发现，对于不同颜色的光偏转的角度不同。

通过这些实验，牛顿得出结论：白光能分解成不同颜色的光，这些光已是单色的了，棱镜不能再分解它们。

5. 单色光复合为白光的实验：白光既然能分解为单色光，那么单色光是否也可复合为白光呢？为此牛顿进行实验，把光谱成在一排小的矩形平面镜上，就可使光谱的色光重新复合为白光。调节各平面镜与入射光的夹角，使各反射光都落在光屏的同一位置上，这样就得到一个白色光斑。牛顿指出，还可以用另一种方法把色光重新复合为白光。把光谱画在圆盘上成扇形，然后高速旋转这个圆盘，圆盘就呈现白色。这种实验效果一般称为"视觉暂留效应"。眼睛视网膜上所成的像消失后，大脑还可以把印象保留零点几秒钟。从而大脑可将迅速变化的色像复合在一起，就形成一个静止的白色像。在电视屏幕上或电影屏幕上，我们能够看到连续的图像，其原因也正在于利用了人的"视觉暂留效应"。

6. 牛顿对光的色散研究成果：牛顿通过一系列的色散实验和理论研究，把结果归纳为几条，其要点如下：①光线随着它的折射率不同而颜色各异。颜色不是光的变样，而是光线本来就固有的

83

性质；②同一颜色属于同一折射率，反之亦然；③颜色的种类和折射的程度为光线所固有，不因折射、反射和其他任何原因而变化；④必须区别本来单纯的颜色和由它们复合而成的颜色；⑤不存在自身为白色的光线，白色是由一切颜色的光线适当混合而产生的，事实上，可以把光谱的颜色重新合成而得到白光的实验；⑥根据以上各条，可以解释三棱镜使光产生颜色原因与虹的原理等；⑦自然物的颜色是由于该物质对某种光线反射得多，而对其他光线反射得少的原因；⑧由此可知，颜色是光（各种射线）的质，

光的色散现象

因而光线本身不可能是质。因为颜色这样的质起源于光之中，所以现在有充分的根据认为光是实体。

7. 牛顿对于光的色散现象的研究方法的特点：从以上可看出牛顿在对光的色散研究中，采用了实验归纳——假说理论——实验检验的典型的物理规律的研究方法，并渗透着分析的方法（把白光分解为单色光研究）和综合的方法（把单色光复合为白光）等物理学研究的方法。光的色散说明了光具有波动性。因为色散是光的成分（不同色光）折射率不同引起的，而折射率由波的频率决定。

两个半球仍保存在慕尼黑的德意志博物馆中。现时也有供教学用途的仿制品，用作示范气压的原理，它们的体积也比当年的半球小得多，把半球的空间抽真空，不需再用十多匹马，有的只需四个人便可拉开。

马德堡半球实验 〉

马德堡半球，亦作马格德堡半球，是1654年，当时的马德堡市长奥托·冯·格里克于罗马帝国的雷根斯堡（今德国雷根斯堡）进行的一项科学实验，目的是为了证明真空的存在。而此实验也因格里克的职衔而被称为"马德堡半球"实验。当年进行实验的

在17世纪那个时候，德国有一个热爱科学的市长，名叫奥托·冯·格里克。他是个博学多才的军人，从小就喜欢听伽利略的故事；爱好读书，爱好科学；一直读到莱比锡大学。1621年又到耶拿大学攻读法律；1623年，再到莱顿大学钻

研数学和力学。他读了3所大学，知识面很广，上知天文，下识地理、数理、法律、哲学工程等等，他都无所不知，无所不通。因此，他能在军旅中过活；又可在政界中立足，更能在科学界发言。他于1631年入伍，在军队中担任军械工程师，工作很出色。后来，投身政界，1646年当选为马德堡市市长。无论在军旅中，还是在市府内，都没停止科学探索。

1654年，他听到托里拆利的事，又听说还有许多人不相信大气压，有少数人在嘲笑托里拆利而且双方争论得很激烈，互不相让，针锋相对。因此，格里

奥托·冯·格里克

86

克虽在远离意大利的德国，但很抱不平，义愤填膺。他匆匆忙忙找来玻璃管子和水银，重新做托里拆利这个实验，断定这个实验是准确无误的；再将一个密封完好的木桶中的空气抽走，木桶就"砰！"的一声被大气"压"碎了！

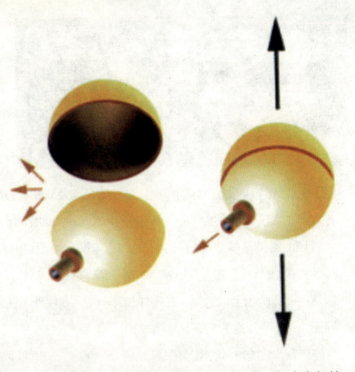

有一天，他和助手做成两个半球，直径14英寸，并请来一大队人马，在市郊做起"大型实验"。

这年5月8日的这一天，美丽的马德堡市风和日丽，晴空万里，十分爽朗，一大批人围在实验场上，熙熙嚷嚷十分热闹。有的支持格里克，希望实验成功，有的断言实验会失败，人们在议论着，在争论着，在预言着，还有的人一边在大街小巷里往实验场跑，一边高声大叫："市长演马戏了！市长演马戏了……"

格里克和助手当众把这个黄铜的半球壳中间垫上橡皮圈；再把两个半球壳灌满水后合在一起；然后把水全部抽出，使球内形成真空；最后，把气嘴上的龙头拧紧封闭。这时，周围的大气把两个半球紧紧地压在一起。

格里克一挥手，4个马夫牵来16匹高头大马，在球的两边各拴4匹。格里克一声令下，4个马夫扬鞭催马、背道而拉！好像在"拔河"似的。"加油！加油！"实验场上黑压压的人群一边整齐地喊着，一边打着拍子。4个马夫，16匹大马，都搞得浑身是汗。但是，铜球仍是原封不动。格里克只好摇摇手暂停一下。然后，左右两队，人马倍增。马夫们

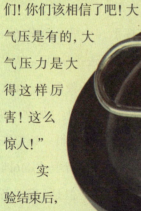

喝了些水，擦擦额头上的汗水，又在准备着第二次表现。格里克再一挥手，实验场上更是热闹非常。16匹大马，死劲拉拽，8个马夫在大声吆喊，挥鞭催马……实验场上的人群，更是伸长脖子，一个劲儿地看着，不时地发出"哗！哗！"的响声。突然，"啪！"的一声巨响，铜球分开成原来的两半，格里克举起这两个重重的半球自豪地向大家高声宣告："先生们！女士们！市民们！你们该相信了吧！大气压是有的，大气压力是大得这样厉害！这么惊人！"

实验结束后，仍有些人不理解这两个半球为什么

拉不开，七嘴八舌地问他，他又耐心地作着详尽的解释："平时，我们将两个半球紧密合拢，无须用力，就会分开。这是因为球内球外都有大气压力的作用；相互抵消平衡了，好像没有大气作用似的。今天，我把它抽成真空后，球内没有向外的大气压力了，只有球外大气紧紧地压住这

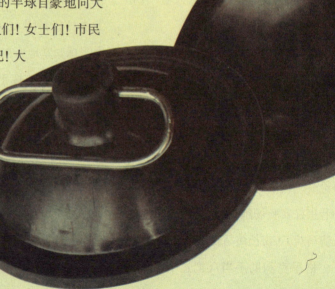

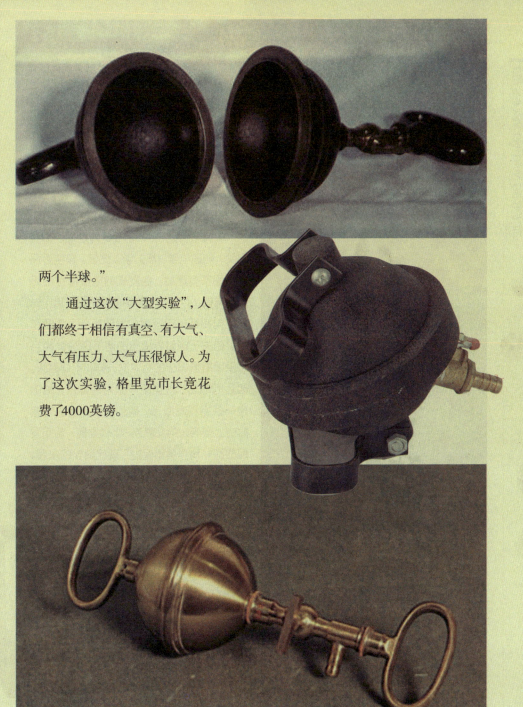

两个半球。"

通过这次"大型实验",人们都终于相信有真空、有大气、大气有压力、大气压很惊人。为了这次实验,格里克市长竟花费了4000英镑。

被实验改变的世界

 不为人知的科学家

1. 里奥·西拉德（1898—1964）

西拉德也许是曼哈顿计划中最不为人知的科学家之一，可正是他提出的原子链式反应理论最终促使原子弹的发明。他同样也是曼哈顿计划的发起人，曾致信罗斯福总统批准研发核武器，原因是他感觉德国纳粹也正在进行类似的科学研究。虽然西拉德憎恨使用暴力手段，并严守潘多拉魔盒，可正是在他的努力下人类进入了核武器时代，彻底改变整个世界格局。

2. 詹姆斯·麦克斯韦尔（1831—1879）

詹姆斯·麦克斯韦尔被认为是现代物理之父，他在电学、热力学、光学、核能等很多方面都有建树。他发现的电磁特性最终导致电视、广播、微波炉的发明，并且也对无线电和红外望远镜的发明起到了重要作用。他关于电磁界提出的诸多理论就相当于爱因斯坦提出的相对论一样，不可磨灭。他还制造出了人类第一张彩色照片，拍的是一条格子呢缎带。他的成就也被认为堪比史上最伟大的艾萨克·牛顿勋爵，利用发现的许多科学奥秘促进了现代科学的发展。

微波炉

3. 卡尔·兰德斯泰纳（1868—1943）

兰德斯泰纳是奥地利一名经验丰富的医生，在血型鉴定中发挥了重要作用。他展示了非匹配血型之间的排斥反应，并同时揭示了血型具有的遗传性秘密。同时，他还参与了脊髓灰质炎病毒的鉴定，在免疫学、组织学和解剖学上都有贡献。关于他最伟大的成果莫过于帮助人们了解如何在不同血型之间进行输血，从而大大降低了手术过程中因输血而导致的死亡率。

4. 约翰·巴蒂恩（1908—1991）

作为一名美国物理学家和电力工程师，约翰·巴蒂恩是少有的两次获得诺贝尔殊荣的人。1956 年，他和两位同事发明了电子晶体管，并在今后所有的用电设备中广泛使用，称为现代社会不可或缺的物质。1972 年，他又再次发现超导体，并在医疗 CAT 和 MRI 扫描设备上使用。尽管巴蒂恩拥有如此众多具有开创性的科学贡献，但他仍不甚为外界所知晓。也许，改变世界正是对他的最高褒奖吧。

5. 约瑟夫·李斯特（1827—1912）

在格拉斯哥皇家医院担任外科医生时，李斯特就试图解决伤口感染导致40%—50% 手术死亡的难题。在拜读过路易斯·巴斯德的诸多著作之后，并观察石炭酸在污水处理中的使用，李斯特开始尝试在处理病人手术伤口时使用石炭酸。他要求所有外科医生术前洗手，术后使用石炭酸消毒，并清洁所有手术设备，从而营造一个彻底干净的医院手术环境。作为现代抗菌药之父，李斯特的杰出贡献挽救了无数的生命，被公认为医学史上最伟大的成就之一。

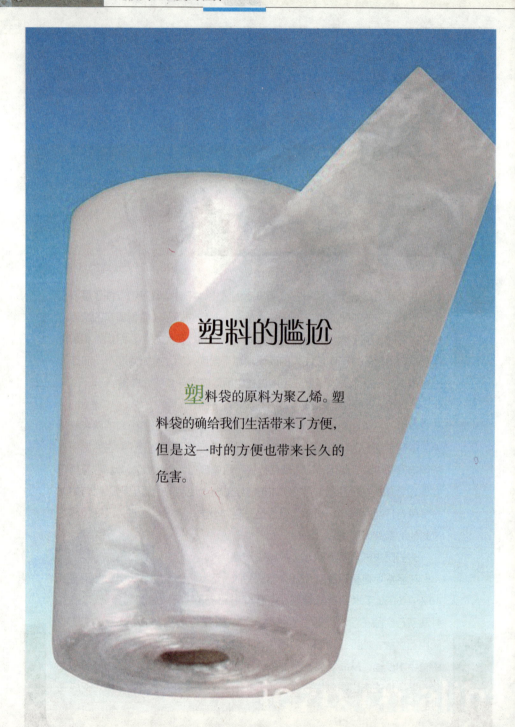

● 塑料的尴尬

塑料袋的原料为聚乙烯。塑料袋的确给我们生活带来了方便，但是这一时的方便也带来长久的危害。

塑料袋的发明 〉

• 纤维素——塑料袋的祖先

塑料袋神奇的材料的"祖先"是植物中最丰富的纤维素。

1845 年，居住在瑞士西北部城市巴塞尔的化学家塞伯坦一次在家中做实验时，不小心碰倒了桌上的浓硫酸和浓硝酸，他急忙拿起妻子的布围裙去擦拭桌上的混合酸。忙乱之后，他将围裙挂到炉子边烤干，不料围裙"噗"的一声烧了起来，顷刻间化为灰烬。塞伯坦带着这个"重大发现"回到实验室，不断重复发生"事故"。经过多次实验，塞伯坦终于找到了原因：原来布围裙的主要成分是纤维素，它与浓硝酸及浓硫酸的混

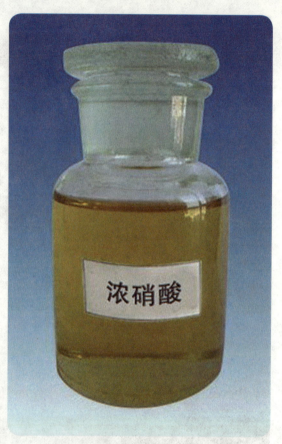

合液接触，生成了硝酸纤维素脂，这就是后来应用广泛的硝化纤维。塞伯坦发现硝化纤维的可塑性，而且用它制造出来的东西还不透水。他饶有兴趣地用它制造了一些美丽的饭碗、杯子、瓶子和茶壶。

纤维素

酒精

化学家。摄影中使用的材料之一是"胶棉"，它是一种"硝棉"溶液，亦即在酒精和醚中的硝酸盐纤维素溶液。当时它被用于把光敏的化学药品粘在玻璃上，来制作类似于今天照相胶片的同等物。

在 19 世纪 50 年代，帕克斯查看了处理胶棉的不同方法。一天，他试着把胶棉与樟脑混合。使他惊奇的是，混合后产生了一种可弯曲的硬材料。帕克斯称该物质为

他很欣赏自己的这些杰作，还特意写信给自己的好友著名科学家法拉第告知这个意外收获。可惜当时法拉第并未在意，直到一名摄影师的出现。

摄影师亚历山大·帕克斯有许多爱好，摄影是其中之一。19 世纪时，人们还不能够像今天这样购买现成的照相胶片和化学药品，必须经常自己制作需要的东西。所以每个摄影师同时也必须是一个

硝酸盐

梳子

"帕克辛",那便是最早的塑料。帕克斯用"帕克辛"制作出了各类物品：梳子、笔、纽扣和珠宝印饰品。然而，帕克斯不大有商业意识，并且还在自己的商业冒险上赔了钱。20世纪时，人们开始挖掘塑料的新用途。几乎家庭里的所有用品都可以由某种塑料制造出来。

继续发展帕克斯的成果并从中获利就留给其他发明家去做了。约翰·韦斯利·海亚特这个来自纽约的印刷工在1868年看到了这个机会，当时

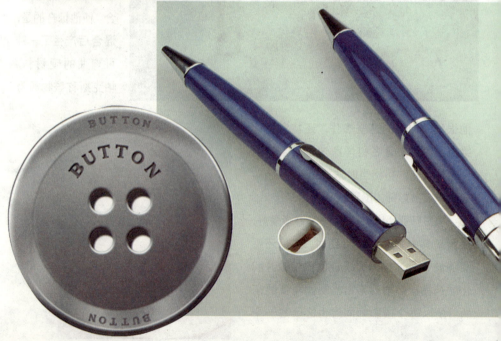

一家制造台球的公司抱怨象牙短缺。海亚特改进了制造工序，并且给了"帕克辛"一个新名称——"赛璐珞"。他从台球制造商那里得到了一个现成的市场，并且不久后就用塑料制作出各种各样的产品。

早期的塑料容易着火，这就限制了用它制造产品的范围。第一个能成功地耐高温的塑料是"贝克莱特"（即酚醛塑料）。

酚醛塑料

照相纸

• 酚醛塑料——塑料的膨胀

第一种完全合成的塑料出自美籍比利时人列奥·亨德里克·贝克兰，1907年7月14日，他注册了酚醛塑料的专利。

贝克兰是鞋匠和女仆的儿子，1863年生于比利时根特。1884年，21岁的贝克兰获得根特大学博士学位，24岁时就成为比利时布鲁日高等师范学院的物理和化学教授。1889年，刚刚娶了大学导师的女儿，贝克兰又获得一笔旅行奖学金，到美国从事化学研究。

在哥伦比亚大学的查尔斯·钱德勒教授的鼓励下，贝克兰留在美国，为纽约一家摄影供应商工作。这使他几年后发明了 Velox 照相纸，这种照相纸可以在灯光下而不是必须在阳光下才能显影。1893年，贝克兰辞职创办了Nepera 化学公司。

97

在新产品冲击下，摄影器材商伊士曼·柯达吃不消了。1898 年，经过两次谈判，柯达方以 75 万美元（相当于现在 1500 万美元）的价格购得 Velox 照相纸的专利权。不过柯达很快发现配方不灵，贝克兰的回答是：这很正常，发明家在专利文件里都会省略一两步，以防被侵权使用。柯达被告知：他们买的是专利，但不是全部知识。又付了 10 万美元，柯达方知秘密在一种溶液里。

掘得第一桶金，贝克兰买下了纽约附近的一座俯瞰哈德逊河的豪宅，将一个谷仓改成设备齐全的私人实验室，还与人合作在布鲁克林建起试验工厂。当时刚刚萌芽的电力工业蕴藏着绝缘材料的巨大市场。贝克兰嗅到的第一个诱惑是天然的绝缘材料虫胶价格的飞涨，几个世纪以来，这种材料一直依靠南亚的家庭手工业生产。经过考察，贝克兰把寻找虫胶的替代品作为第一个商业目标。当时，化学家已经开始认识到很多可用作涂料、黏合剂和织物的天然树脂和纤维都是聚合物，即结构重复的大分子，开始寻找能合成聚合物的成分和方法。

苯酚

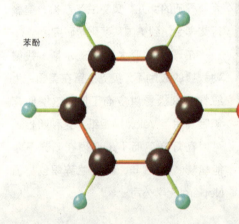

甲醛

早在 1872 年，德国化学家阿道夫·冯·拜尔就发现：苯酚和甲醛反应后，玻璃管底部有些顽固的残留物。不过拜尔的眼光在合成染料上，而不是绝缘材料上，对他来说，这种黏糊糊的不溶解物质是条死胡同。对贝克兰等人来说，这种东西却是光明的路标。从 1904 年开始，贝克兰开始研究这种反应。最初得到的是一种液体——苯酚–甲醛虫胶，称为 Novolak，但市场并不成功。3 年后，他得到一种糊状的黏性物，模压后成为半透明的硬塑料——酚醛塑料。

不同的是，赛璐珞来自化学处理过的胶棉以及其他含纤维素的植物材料，而酚醛塑料是世界第一种完全合成的塑料。贝克兰将它用自己的名字命名为"贝克莱特"（Bakelite）。他很幸运，英国同行詹姆斯·斯温伯恩爵士只比他晚一天提交专利申请，否则英文里酚醛塑料可能要叫"斯温伯莱特"。1909 年 2 月 8 日，贝克兰在美国化学协会纽约分会的一次会议上公开了这种塑料。

酚醛塑料绝缘、稳定、耐热、耐腐蚀、不可燃，贝克兰自称为"千用材料"。特别是在迅速发展的汽车、无线电和电力工业中，它被制成插头、插座、收音机和电话外壳、螺旋桨、阀门、齿轮、管道。在家庭中，它出现在台球、把手、按钮、刀柄、桌面、烟斗、保温瓶、电热水瓶、钢笔和人造珠宝上。这是 20 世纪的炼金术，从煤焦油那样的廉价产物中，得

酚醛塑料

到用途如此广泛的材料。1924 年《时代》周刊的一则封面故事称：那些熟悉酚醛塑料潜力的人表示，数年后它将出现在现代文明的每一种机械设备里。1940 年 5 月 20 日的《时代》周刊则将贝克兰称为"塑料之父"。当然，酚醛塑料也有缺点，它受热会变暗，只有深褐、黑或暗绿 3 种颜色，而且容易摔碎。

1910 年，贝克兰创办了通用酚醛塑料公司，在新泽西的工厂开始生产。很快有了竞争对手，特别是 Redmanol 和 Condensite 两种牢固的塑料，爱迪生曾试图用它们制成留声机唱片控制市场，但未成功。假冒酚醛塑料的出现还使贝克兰很早就在产品上采用了类似今天"Intel Inside"的真品标签。1926 年专利保护到期，大批同类产品涌入市场。经过谈判，贝克兰与对手合并，拥有了一个真正的酚醛塑料帝国。

1939 年，贝克兰退休时，儿子乔治·华盛顿·贝克兰无意从商，公司以 1650 万美元（相当于今天 2 亿美元）出售给联合碳化物公司。1945 年，贝克兰死后一年，美国的塑料年产量就超过 40 万吨，1979 年又超过了工业时代的代表——钢。

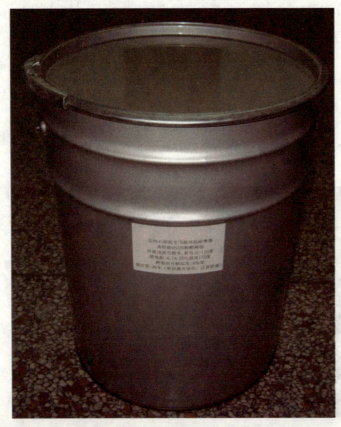

尼龙扎带

20世纪30年代，尼龙又问世了，被称为"由煤炭、空气和水合成，比蜘蛛丝细，比钢铁坚硬，优于丝绸的纤维"。它们的出现为此后各种塑料的发明和生产奠定了基础。由于第二次世界大战中石油化学工业的发展，塑料的原料以石油取代了煤炭，塑料制造业也得到飞速的发展。

塑料是一种很轻的物质，用很低的温度加热就能使它变软，随心所欲地做成各种形状的东西。塑料制品色彩鲜艳，重量轻，不怕摔，经济耐用，它的问世不仅给人们的生活带来了诸多方便，也极大地推动了工业的发展。

然而，塑料的发明还不到100年，如果说当时人们为它们的诞生欣喜若狂，现在却不得不为处理这些充斥在生活中，给人类生存环境带来极大威胁的东西而煞费苦心了。塑料是从石油或煤炭中提取的化学石油产品，一旦生产出来很难自然降解。塑料埋在地下200年也不会腐烂降解，大量的塑料废弃物填埋在地下，会破坏土壤的通透性，使土壤板结，影响植物的生长。如果家畜误食了混入饲料或残留在野外的塑料，也会造成因消化道梗阻而死亡。

塑料制品

塑料的危害 〉

塑料袋的确给人们生活带来了方便，但是这一时的方便却带来长久的危害。

塑料袋回收价值较低，在使用过程中除了散落在城市街道、旅游区、水体中、公路和铁路两侧造成"视觉污染"外，它还存在着潜在的危害。塑料结构稳定，不易被天然微生物菌降解，在自然环境中长期不分离。这就意味着废塑料垃圾如加以回收，将在环境中变成污染物长期存在并不断累积，会对环境造成极大危害。据统计，全球一年使用2.6亿吨塑料，其中1.7亿吨属于一次性使用。

• 果蔬贮存的危害

蔬菜、水果放在塑料袋内贮存，是人们在冬季常用的一种科学保鲜方法。

其原理是降低氧的浓度，增加二氧化碳的浓度，使果蔬处于休眠状态，延长贮存期。然而，贮存的时间不能过长。

因为蔬菜水果为有机食品，含水分较高（60％—95％），并含有水溶性营养物质和酶类。在整个贮存期间仍进行着很强的呼吸活动。在一般情况下，每上升10℃，呼吸强度就增加1倍，在有氧的条件下，果蔬中的糖类或其他有机物质氧化分解，产生二氧化碳和水分，并放出大量热量；在缺氧的条件下，糖类不能氧化，只能分解产生酒精、二氧化碳，并放出少量热量。但是，二氧化碳浓度不能无限度地上升，只能提高10％。氧浓度的下降也不能超过5％，否则果蔬在缺氧时，为了获得生命活动所需的足够的能量，就必须分解更多的营养。同时，因缺氧呼吸产生的酒精留在果蔬里，会引起果蔬腐烂变质，所以果蔬放在塑料袋内存放时间不宜过长。要想将果蔬放在塑料袋里贮存，就请您不要怕麻烦，隔两三天把塑料袋的口打开，放出二氧化碳和热量，再把口扎上，这样就会减少腐烂变质现象的发生。

• 农业影响

废塑料制品混在土壤中不断累积，会影响农作物吸收养分和水分，导致农作物减产。

103

• 动物威胁

抛弃在陆地上或水体中的废塑料制品，被动物当作食物吞入，导致动物死亡。青海湖畔曾经有 20 户牧民共有近千只羊因此致死，经济损失 30 多万元。因为羊喜欢吃塑料袋中夹裹着的油性残留物，却常常连塑料袋一起吃下去了，由于吃下的塑料长时间滞留胃中难以消化，这些羊的胃被挤满了，

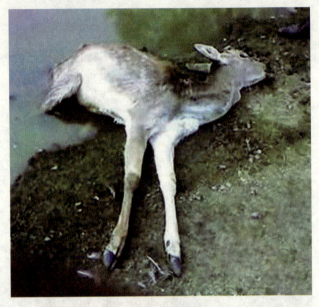

再也不能吃东西，最后只能被活活饿死。这样的事在动物园、牧区、农村、海洋中屡见不鲜。

由于塑料的无法自然降解性，目前已经导致许多动物的悲剧。比如动物园的猴子、鹈鹕、海豚等动物都会误吞游

客随手丢的 1 号塑料瓶，最后由于不消化而痛苦地死去；望去美丽纯净的海面上，走近了看，其实飘满了各种各样的无法为海洋所容纳的塑料垃圾，在多只死去海鸟样本的肠子里，发现了各种各样的无法被消化的塑料。

五颜六色的塑料碎片被冲上了沙滩；海岛上黑信天翁错误地将其当成食物，它的消化系统被阻塞，最终不幸饿死；一头海豹被蓝色的塑料网缠住了身体，无法回到海中；一只褐色的海龟开始慢慢啃食一片薄薄的塑料袋。一家环保组织曾发布报告称，他们发现至少 267 种

海洋生物因误食海洋垃圾或被垃圾缠住而备受折磨。根据联合国环境署的资料，塑料残骸每年会导致 100 多万只海鸟与10 万多只海洋哺乳动物死亡。

另外，塑料袋本身会释放有害气体。特别是熟食，用塑料袋包装后，常常会变质。变质的食品对儿童健康发育的影响尤为突出。回收利用废弃塑料时，分类十分困难，而且经济上不合算；塑料容易燃烧，燃烧时产生有毒气体。例如聚苯乙烯燃烧时产生甲苯，这种物质少量会导致失明，吸入有呕吐等症状，PVC 燃烧也会产生氯化氢有毒气体，除

• 处理困难

废塑料随垃圾填埋不仅会占用大量土地，而且被占用的土地长期得不到恢复，影响土地的可持续利用。进入生活垃圾中的废塑料制品如果将其填埋，200 年的时间才能将其降解。而且，塑料袋以石油为原料，不仅消耗了大量资源，还不能被分解，埋在地下会污染土地、河流。

了燃烧，就是高温环境，会导致塑料分解出有毒成分，例如苯环等；塑料是由石油炼制的产品制成的，石油资源是有限的；塑料无法被自然分解；塑料的耐热性能等较差，易于老化。

人们总是很难相信，随手丢弃垃圾的个人恶习可能影响整个自然界。1997年，海洋学家查尔斯·摩尔在驾船穿越北太平洋环流系统时第一次发现海上垃圾场，那里汇集着大量被阳光和海浪分解成碎片的塑料瓶盖、塑料袋、打火机以及已经无法辨别本来面目的塑料垃圾。

一位美国海洋研究者强调："在一般人的概念中，垃圾太多的概念基本就是堆成一座可以爬上去的小山。但太平

洋里的垃圾更像是一大盆垃圾汤。"摩尔相信，身处北太平洋的垃圾数量很可能已经超出了人类的想象，接近1亿吨。由于难以降解，甚至50年前的塑料玩具也可能留存到今天，成为"古董"垃圾。而埃贝斯迈尔——另一位漂浮物研究界的权威人士——已经追踪海洋中积攒的塑料制品超过15年。在他看来，"垃圾汤"的移动方式"就如同脱缰的巨兽"，这个狰狞的巨型怪物四处游走，当它靠近陆地时，就会肆意地向海滩"呕吐"。

这一次，人类无法礼貌性地对海洋生物致以同情后就高高挂起。就算排除塑料制品对温室效应的影响，塑料的毒性也将通过食物链层层上移，最终被端上人类的餐桌。

海洋的塑料垃圾

 白色污染

　　白色污染是人们对难降解的塑料垃圾（多指塑料袋）污染环境现象的一种形象称谓。它是指用聚苯乙烯、聚丙烯、聚氯乙烯等高分子化合物制成的各类生活塑料制品使用后被弃置成为固体废物，由于随意乱丢乱扔，难于降解处理，以致造成城市环境严重污染的现象。

　　白色污染是全球城市都有的环境污染，在各种公共场所到处都能看见大量废弃的塑料制品，他们从自然界而来，由人类制造，最终归结于大自然时却不易被自然消化，从而影响了大自然的生态环境。从节约资源的角度出发，由于塑料制品主要来源是面临枯竭的石油资源，应尽可能回收，但由于现阶段再回收的生产成本远高于直接生产成本，在现行市场经济条件下难以做到。

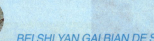

早在40年前，人们就发现聚氯乙烯塑料中残留有氯乙烯单体。当人们接触氯乙烯后，就会出现手腕、手指浮肿，皮肤硬化等症状，还可能出现脾肿大、肝损伤等症状。在我国，我们用的超薄塑料袋几乎都来自废塑料的再利用，是由小企业或家庭作坊生产的。这些生产厂所用原料是废弃塑料桶、盆、一次性针筒等。我国目前使用的塑

塑料膜

料制品的降解时间，通常至少需要200年。若被填埋，将直接占用土地，且1000年内难以降解，农田里的废农膜、塑料袋长期残留在田中，会影响农作物对水分、养分的吸收，抑制农作物的生长发育，造成农作物的减产。若牲畜吃了塑料膜，会引起牲畜的消化道疾病，甚至死亡。填埋作业仍是我国处理城市垃圾的一个主要方法。由于塑料膜密度小、体积大，它能很快填满场地，降低填埋场地处理垃圾的能力；而且，填埋后的场地由于地基松软，垃圾中的细菌、病毒等有害物质很容易渗入地下，污染地下水，危及周围环境。若把聚氯乙烯直接进行焚烧处理，将给环境造成严重的二次污染。塑料焚烧时，不但产生大量黑烟，而且会产生二恶英——迄今为止毒性最大的一类物质。二恶英进入土壤中，至少需15个月才能逐渐分解，它会危害植物及农作物；二恶英对动物的肝脏及脑有严重的损害作用。焚烧垃圾排放出的二恶英对环境的污染，已经成为全世界关注的一个极敏感的问题。

● 电闪雷鸣的风筝实验

风筝实验是美国先贤本杰明·富兰克林的一次关于雷电的实验，1752年6月的一天，阴云密布，电闪雷鸣，一场暴风雨就要来临了。富兰克林和他的儿子威廉一道，带着上面装有一个金属杆的风筝来到一个空旷地带。富兰克林高举起风筝，他的儿子则拉着风筝线飞跑。由于风大，风筝很快就被放上高空。刹那，雷电交加，大雨倾盆。富兰克林和他的儿子一道拉着风筝线，父子俩焦急地期待着，此时，刚好一道闪电从风筝上掠过，富兰克林用手靠近风筝上的铁丝，立即掠过一种恐怖的麻木感。他抑制不住内心的激动，大声呼喊："威廉，我被电击了！"随后，他又将风筝线上的电引入莱顿瓶中。回到家里以后，富兰克林用雷电进行了各种电学实验，证明了天上的雷电与人工摩擦产生的电具有完全相同的性质。富兰克林关于天上和人间的电是同一种东西的想法，在他自己的这次实验中得到了光辉的证实。

风筝实验的成功使富兰克林在全世界科学界的名声大振。英国皇家学会给他送来了金质奖章，聘请他担任皇家学会的会员。他的科学著作也被译成了多种语言。他的电学研究取得了初步的胜利。然而，在荣誉和胜利面前，富兰克林没有停止对电学的进一步研究。1753年，俄国著名电学家利赫曼为了验证富兰克林的实验，不幸被雷电击死，这是做电实验的第一个牺牲者。血的代价，使许多人对雷电实验产生了戒心和恐惧。但富兰克林在死亡的威胁面前没有退缩，经过多次实验，他制成了一根实用的避雷针。他把几米长的铁杆，用绝缘材料固定在屋顶，杆上紧拴着一根粗导线，一直通到地里。当雷电袭击房子的时候，它就沿着金属杆通过导线直达大地，房屋建筑完好无损。1754年，避雷针开始应用，但有些人认为这是个不祥的东西，违反天意会带来旱灾。就在夜里偷偷地把避雷针拆了。然而，科学终于将战胜愚昧。一场挟有雷电的狂风过后，大教堂着火了，而装有避雷针的高层房屋却平安无事。事实教育了人们，使人们相信了科学。避雷针相继传到英国、德国、法国，最后普及世界各地。

> 不为人知的科学家

1. 伊布恩·阿·哈什姆（965-1039）

出生于巴士拉的伊布恩·阿·哈什姆是那个时代的思想先驱者。他在数学、解剖学、天文学、工程学、医学、哲学、物理学等方面颇有建树，并且首次将实验与观察上升为科学研究的方法论。他最重要的贡献是开启了人类对光学的研究，其关于光学的著作被认为是光学和视觉感知研究上的重要里程碑。他是第一个对暗箱进行系统描述的人，并为显微镜和望远镜的发展奠定了基础，成为日后文艺复兴时期光学原理的重要准则，尤其是显微镜在医学、微生物学和化学等领域的应用对当代社会都产生了深刻的影响。

2. 蒂姆·伯纳斯·李（1955—至今）

如果没有蒂姆·伯纳斯·李，也许今天你就看不到这篇文章了。他是万维网的创始人，当时正在一家欧洲核物理实验室——欧洲核子研究中心工作。最为人称道的是，他没有为该项发明申请专利保护，而是将其免费地贡献给全人类。从此互联网引发了人类通讯历史的革命，也使得人们能够了解在全球范围内最快和最有效的资讯。他的发明也一举超越了马可尼（发明无线电）和亚历山大·贝尔（发明电话），称得上名副其实的通讯革命。

3. 阿维森纳（980—1037）

作为最有影响力的伊斯兰科学家，阿维森纳像他的前辈们一样，在许多方面都颇有成就，比如医学、数学、逻辑学和几何学等。

他一生大概写了450篇论文，涉猎颇广，其中最著名的两篇论文就是《医学》、《愈合之术》。100多年来，整个欧洲都将这两本书列为大学必修教材。然而，他的影响力还不仅局限于此，他被认为是旨在避免传播感染的检疫学的创始人，也是临床医学和系统实验理论的先驱。

4. 托马斯·米基利（1889—1944）

托马斯·米基利对当代社会的进步做出了巨大的贡献。不幸的是，他的贡献大多都产生了负面的效果。起初，米基利发现了如何使用铅来阻止汽车发动机中的汽油燃烧。然而，这却最终造成了诸多健康问题。后来，在他的带领下研发了氟利昂，可如今看来这种对大气造成严重破坏的化学物质正成为全球温室效应的罪魁祸首。米基利因"在大气领域做出的杰出贡献"而名垂青史。也许是天妒英才，他的生活充满了挫折，不

尿素

氟利昂

幸患上了小儿麻痹症，之后使用一个设计精巧的滑轮系统帮助他上下床，可最后却意外被缠绕其中而不幸丧生。

5. 弗里茨·哈勃（1868—1934）

弗里茨·哈勃是德国化学家，其从事的研究工作充分展现了科学本身具有的怀疑精神和危险因素。在现代农业的重要基础尿素的生产过程中，其中工业合成氨的重要工序就是以哈勃命名的。正因如此，现代社会才能进行大规模的农业生产，才会在20世纪出现人口的大规模增长。而与此同时，哈勃在德国一战时期，参与研发了类似氯气的化学武器，并被称为化学战之父。这项研究直接导致后来氰化毒气的发明，并随即被纳粹分子利用，酿成人类历史的灾难。

● "轰动世界" 的炸药实验

19世纪60年代, 许多国家迫切要求发展采矿业, 加快采掘速度, 炸药不能适应这种需要, 是一个亟待解决的大问题。了解各国工业状况的诺贝尔, 坚定了改进炸药生产的决心。就在这个时候, 一个惊人的消息传来了: 法国发明了性能优良的炸药。其实, 这个消息是不确切的。原来, 法国有名的军械专家皮各特将军, 在研究改进子弹的射程和速度时, 发现用现有的炸药, 不可能有更好的结果, 必须改良炸药。于是, 陆军部组织力量着手研究炸药。这件事促成了诺贝尔全力以赴研究炸药。

采矿业

采矿业

115

炸药大王诺贝尔 〉

诺贝尔一天到晚待在实验室里，查阅资料，一次又一次地做着各种炸药试验。他的父母明白搞炸药的危险，对他改变专业很不高兴。有一天，父亲对他说："孩子呀，你的职业是搞机械，应当集中精力干分内的事，别的方面还是不要分心为好。"诺贝尔说："改进炸药是

诺贝尔

很重要的，一旦用在生产上，就会给人类创造极大的财富。危险当然免不了，我尽量小心就是了。" 从此，诺贝尔经常向亲戚朋友宣传解释改进炸药的重要意义。这样，同情、赞助他的人越来越多，连反对他的父母也被他的坚强意志感动，只好默认了。

减弱，没有实用价值，哥哥失败了。诺贝尔继续了他的研究。过去，人们是用点燃导火索的办法来引起黑色火药爆炸的，安全可靠，但是这种办法却不能使硝化甘油发生爆炸。硝化甘油既容易自行爆炸，又不容易按照人的要求爆炸，所以在发明以后的十几年间，除了用来治疗心绞痛外，并没有人把它当炸药用。1862年的五六月间，诺贝尔做了一次十分重要的实验：在一个小玻璃管内盛满硝化甘油，塞紧管口；然后，把这个玻璃管放入一个稍大一点的金属管内，里面装满黑色火药，插入一只导火管后，把金属管口塞紧；点燃导火管后，把金属管扔入水沟。结果，发生了剧烈的爆炸，显然比同等数量的黑色火药的爆炸要猛烈得多。这

"恐怖"的炸药

在诺贝尔之前，很多人研究和制造过炸药，中国的黑色火药早已传到欧洲。意大利人苏伯莱罗在1847年发明的硝化甘油，是一种威力比黑色火药大得多的猛烈炸药。但是，这种炸药特别敏感，容易爆炸，制造、存放和运输都很危险，人们不知道该怎么使用它。

1862年初，诺贝尔的哥哥试图用硝化甘油制造出更好的炸药。他想：硝化甘油是液体，不好控制，要是把它和固体的黑色火药混合在一块，按说可以做成很好的炸药。他反复实验，结果发现：这种炸药放置几小时后，爆炸力就大大

硝化甘油

117

表明所有的硝化甘油已经完全爆炸。这个情况启发了诺贝尔，使他认识到：在密封容器内，少量的黑色火药先爆炸，可以引起分隔开的硝化甘油完全爆炸。

1863年秋，诺贝尔和他的弟弟一起，在斯德哥尔摩海伦坡建立了一所实验室，从事硝化甘油的制造和研究。经过多次的实验，这年的年底，诺贝尔终于发明了使硝化甘油爆炸的有效方法。起初，诺贝尔用黑色火药作引爆药；后来，他发明了雷管来引爆硝化甘油。1864年，他取得了这项发明的专利权。初获成功

之后，接着来的，是巨大的挫折。1864年9月3日，海伦坡实验室在制造硝化甘油的时候发生了爆炸，当场炸死了5人，其中包括诺贝尔的弟弟。这个祸事发生以后，周围居民十分恐慌，强烈反对诺贝尔在那里制造硝化甘油。诺贝尔只好把设备转移到斯德哥尔摩附近的马拉伦湖，在一只船上制造硝化甘油。几经波折，1865年3月，诺贝尔在温特维根找到一处新厂址，在那里建造了世界上第一个硝化甘油工厂。

诺贝尔实验室

木炭粉

• 安全炸药

在诺贝尔前进的道路上，真是荆棘丛生。世界各国买了他制造的硝化甘油，经常发生爆炸：美国的一列火车，因炸药爆炸，给炸成了一堆废铁；德国的一家工厂因炸药爆炸，厂房和附近民房全部变成一片废墟；"欧罗巴"号海轮在大西洋上遇到大风颠簸，引起硝化甘油爆炸，船沉人亡。这些惨痛的事故，使世界各国对硝化甘油失去信心，有些国家甚至下令禁止制造、贮藏和运输硝化甘油。面对这种艰难的局面，诺贝尔没有灰心，他深信完全有可能解决硝化甘油不稳定的问题。一年过去了。诺贝尔在反复实验中发现：用一些多孔的木炭粉、锯木屑、硅藻土等吸收硝化甘油，能减少容易爆炸的危险。最后，他用1份重的硅藻土，去吸收3份重的硝化甘油，第一次制成了运输和使用都很安全的硝化甘油工业炸

硅藻土

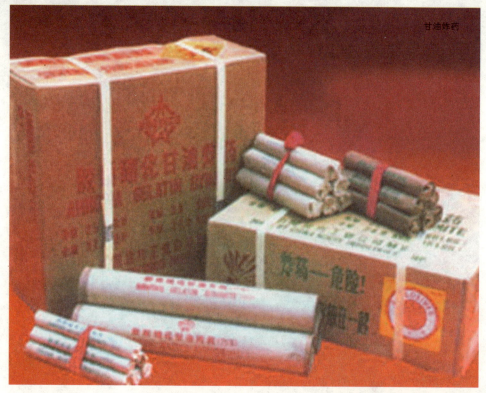

甘油炸药

药。这就是诺贝尔安全炸药。

为了消除人们对硝化甘油炸药的怀疑和恐惧，1867 年 7 月 14 日，诺贝尔在英国的一座矿山做了一次对比实验：他先把一箱安全炸药放在一堆木柴上，点燃木柴，结果这箱炸药没有爆炸；他再把一箱安全炸药从大约 20 米高的山崖上扔下去，结果这箱炸药也没有爆炸；然后，他在石洞、铁桶和钻孔中装入安全炸药，用雷管引爆，结果都爆炸了。这次实验，获得了完全的成功，给参观的人留下了深刻的印象；诺贝尔的安全炸药确实是

安全的。不久，诺贝尔建立了安全炸药托拉斯，向全世界推销这种炸药。从此，人们结束了手工作坊生产黑色火药的时代，进入了安全炸药的大工业生产阶段。

• 无烟火药

硝酸纤维素

　　1873 年，诺贝尔的安全炸药托拉斯在巴黎设立了一个总办事处，附设一个实验室。他在这里做了许多实验，改进炸药的制造方法。诺贝尔的安全炸药比黑火药的威力大得多，又安全可靠，所以销售量直线上升，逐渐风行全世界。1867 年卖出 11 吨，到 1874 年就卖出了 3000 吨。安全炸药也有缺点。缺点之一，就是爆炸力没有纯粹的硝化甘油大。正是由于这种原因，有的地方仍然冒险使用硝化甘油做炸药。怎样找到兼有硝化甘油的爆炸力，又有安全炸药的安全性能的新炸药，一时成为许多发明家努力寻求的目标。这一回，又是诺贝尔首先获得了成功。

安全炸药

有一天，诺贝尔在实验室工作的时候，手指被割破了，顺手用一种含氮量比较低的硝酸纤维素敷住了伤口。那天晚上，因为伤口疼痛，不能入睡，他躺在床上琢磨工作中的主要问题：如何才能使硝酸纤维素同硝化甘油混合。硝酸纤维素，是用纤维素同硝酸和硫酸的混合酸互相作用制成的，是一种很容易着火的东西。因为硝酸和硫酸的混合比例不同，作用的时间长短不同，生成的硝酸纤维素的含氮量有高有低。诺贝尔很早就想把硝化甘油和硝酸纤维素混合起来，制成炸药，一直不能成

功。现在，诺贝尔从敷料能够吸收血液这件事得到了启发，忽然想到能不能用含氮量较低的硝酸纤维素，来同硝化甘油混合呢？他一骨碌爬起来，忘记了手指的疼痛，跑到实验室，一个人做起实验来了。他把大约1份重的火棉，溶于9份重的硝化甘油中，得到一种爆炸力很强的胶状物——炸胶。第二天，当诺贝尔的助手华伦巴赫上班时，一种新型的炸药——炸胶已经制成了。华伦巴赫又惊又喜，十分佩服他这种如醉如痴的干劲。经过长年累月的测试，1887年，

华伦巴赫

火药

诺贝尔把少量的樟脑加到硝化甘油和火棉炸胶中，发明了无烟火药。

直到今天，在军事工业中普遍使用的火药都属于这一类型。无烟火药比黑色火药的爆炸力大得多，而且爆炸时燃烧充分，烟雾很少，所以人们称它为无烟火药。制造炸药，一要爆炸力强，二要安全可靠，三要按照人的要求随时爆炸。诺贝尔制成了安全炸药、无烟火药，又制成了引爆用的雷管，很好地解决了这三大难题。人们称诺贝尔是炸药大王，他是当之无愧的。诺贝尔研究炸药，始终重视把研究成果应用到生产上去。他认为：只有在生产上取得实际效果的发明才是有用的。所以，他的发明能很快应用在生产上，并且立即得到实在的经济收益。

1863年，诺贝尔发明了硝化甘油引爆剂。当年秋天，他就在自己家里的实验室，开始制造硝化甘油和引爆剂；1865年，就在斯德哥尔摩郊外，建起了第一座硝化甘油工厂。1866年，诺贝尔制成了安全炸药，第二年就投入了生产。3年后，年销售量由11吨增加到424吨，7年后，激增至3120吨。诺贝尔开创了科学研究成果迅速地应用于生产的先例。

军事火药

科学的推动者——诺贝尔 〉

诺贝尔在他生命的最后几年，曾先后立下过3份内容非常相似的遗嘱。第一份立于1889年，第二份立于1893年，第3份则立于1895年，最后存放在斯德哥尔摩一家银行，也就是要以它为准的最后遗嘱。

这份遗嘱取消了分赠亲友的部分，将自己的全部财产用于设立奖励基金，于1897年初在瑞典公布于众：签名人阿尔弗雷德·诺贝尔，在经过成熟的考虑之后，就此宣布关于我身后可能留下的财产的最后遗嘱如下："我所留下的全部可变换为现金的财产，将以下列方式予以处理：这份资本由我的执行者投资于安全的证券方面，并将构成一种基金；它的利息将每年以奖金的形式，分配给那些在前一年里曾赋予人类最大利益的人。上述利息将被平分为5份，其分配办法如下：一份给在物理方面做出最重要发现或发明的人；一份给做出最重要的化学发现或改进的人；一份给在生理和医学领域做出最重要发现的人；一

份给在文学方面曾创作出有理想主义倾向的最杰出作品的人；一份给曾为促进国家之间的友好、为废除或裁减常备军队以及为举行和平会议做出最大或最好工作的人。物理和化学奖金，将由瑞典皇家科学院授予；生理学和医学奖金由在斯德哥尔摩的卡罗琳医学院授予；文学奖金由在斯德哥尔摩的瑞典文学院授予；和平奖金由挪威议会选出的一个5人委员会来授予。我的明确愿望是，在颁发这些奖金的时候，对于授奖候选人的国籍丝毫不予考虑，不管他是不是斯堪的纳维亚人，只要他值得，就应该授予奖金。我在此声明，这样授予奖金是我的迫切愿望。这是我的唯一有效的遗嘱。在我死后，若发现以前任何有关财产处理的遗嘱，一概作废。阿尔弗雷德·伯哈德·诺贝尔，1895年11月27日。"

在诺贝尔遗嘱公布之初，瑞典社会舆论的批评和谴责之声占了上风。报界公开地鼓励亲属上诉，反对它的理由主要是"法律缺陷"和"不爱国"。报界说，一个瑞典人不注意瑞典的利益，既

诺贝尔和平奖奖章正面　　　　　诺贝尔文学奖奖章

诺贝尔物理学、化学奖奖章

常紧张，这将要严重损害瑞典的利益。一部分社会民主党人士指责说，诺贝尔设立奖金支持个别杰出人物，无助于社会进步。他们认为，诺贝尔的财产来自劳动和大自然，应该使社会每一个成员都得到益处。

而对法律缺陷的批评，曾被认为将使整个的遗嘱失效。高明的律师们挑出的第一个毛病是，遗嘱中没有明确讲出立嘱人是哪国公民。这样一来，就难以确定该由哪个国家的执法机关来判决遗嘱的合法性，更无

不把这笔巨额遗产捐赠给瑞典，也没有给瑞典人甚至斯堪的纳维亚人获奖的优先权，还要瑞典承揽这些额外工作，从而给瑞典人带来不能给他们任何利益的麻烦，那纯粹是不爱国的，瑞典的奖金颁发机构将不可能令人满意地完成这个任务。遗嘱还把颁发和平奖金的任务交给一个由挪威议会指定的委员会，瑞典与挪威之间的关系当时已经非

诺贝尔物理学、化学奖奖章

法确定该由哪国政府来组织诺贝尔基金委员会了。这个指责不是没有道理的，因为，诺贝尔生在瑞典，成长在俄国，创业活动遍及欧洲，晚年也没有成为任何一个欧洲国家有国籍的公民。他们挑出的第二个毛病是，遗嘱没有明确指出全部财产由谁来负责保管。他们说，虽然遗嘱说要成立一个基金会，但又没有指定由谁来组织这个基金会。所以，可以认为，遗嘱执行人无权继承遗产，而继承遗产的基金会又不存在。

最令人丧气的是，诺贝尔在遗嘱中委托瑞典科学院来评定物理学和化学奖金，而该院院长汉斯·福舍尔却主张把诺贝尔的财产捐赠给瑞典科学院，福舍尔还拒绝参加研究评奖细则的会议。

遗嘱执行人索尔曼等人不懈努力，1898年5月21日，瑞典国王宣布诺贝尔遗嘱生效。1901年6月29日，瑞典国会通过了诺贝尔基金会章程。1901年12月10日，即诺贝尔逝世5周年的纪念日，颁发了首次诺贝尔奖。从1901年开始，奖金在每年诺贝尔逝世时间12月10日下午4点半颁发。

瑞典科学院

图书在版编目（CIP）数据

被实验改变的世界/于川编著.—长春：北方妇
女儿童出版社，2015.7（2021.3重印）

（科学奥妙无穷）

ISBN 978-7-5385-9330-3

Ⅰ.①被…　Ⅱ.①于…　Ⅲ.①科学实验—青少年读物
Ⅳ.①N33-49

中国版本图书馆CIP数据核字（2015）第146847号

被实验改变的世界
BEISHIYANGAIBIANDESHIJIE

出 版 人	刘　刚	
责任编辑	王天明　鲁　娜	
开　　本	700mm×1000mm　1/16	
印　　张	8	
字　　数	160 千字	
版　　次	2016 年 4 月第 1 版	
印　　次	2021 年 3 月第 3 次印刷	
印　　刷	汇昌印刷（天津）有限公司	
出　　版	北方妇女儿童出版社	
发　　行	北方妇女儿童出版社	
地　　址	长春市人民大街 5788 号	
电　　话	总编办：0431 - 81629600	

定　　价：29.80 元